每一个疑问都是力量　每一步探索都是智慧

学生探索书系

你不可不知的
十万个

NIBUKEBUZHIDE
SHIWANGESHENGMINGZHIMI

生命之谜

禹田 编著

五洲传播出版社

前言

QIAN YAN

你不可不知的十万个生命之谜

在这个充满谜团的世界上，有许多知识是我们必须了解和掌握的。这些知识将告诉我们，我们生活在怎样一个变幻万千的世界里。从浩瀚神秘的宇宙到绚丽多姿的地球，从远古生命的诞生到恐龙的兴盛与衰亡，从奇趣无穷的动植物王国的崛起到人类——这种高级动物成为地球的主宰，地球经历了沧海桑田，惊天巨变，而人类也从钻木取火、刀耕火种逐步迈向机械化、自动化、数字化。社会每向前迈进一小步，都伴随着知识的更迭和进步。社会继续往前发展，知识聚沙成塔、汇流成河，其间的秘密该如何洞悉？到了科学普及的今天，又该如何运用慧眼去捕捉智慧的灵光、缔造新的辉煌？武器作为科技发展的伴生物，在人类追求和平的进程中经历了怎样的发展变化？它的未来将何去何从？谜团萦绕，唯有阅读可以拨云见日。

NI BU KE BU ZHI DE
SHI WAN GE SHENG MING ZHI MI

这套定位于探索求知的系列图书，按知识类别分为宇宙、地球、生命、恐龙、动物、人体、科学、兵器8册，每册书内又分设了众多不同知识主题的章节，结构清晰，内容翔实完备。另外，全套书均采用了问答式的百科解答形式，并配以生动真切的实景图片，可为你详尽解答那些令你欲知而又不明的疑惑。

当然，知识王国里隐藏的秘密远不止于此，但探索的征程却会因为你的阅读参与而起航。下面，快快进入美妙的阅读求知之旅吧，让你的大脑来个知识大丰收！

学生探索书系

目 录
M U L U

你不可不知 的 十万个生命之谜

人类进化之谜

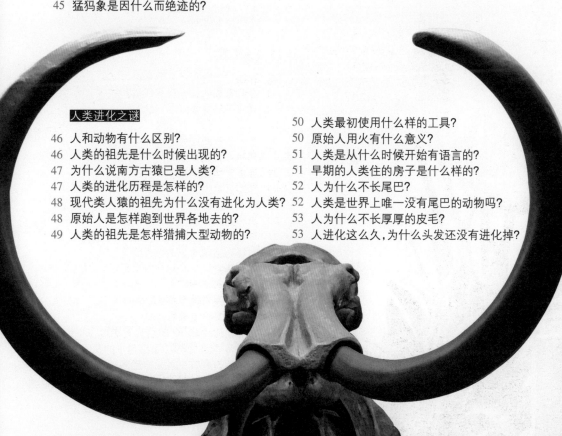

目 录
MU LU

第二章  微生物世界

你不可不知的十万个生命之谜

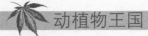

植物的特征及习性之谜

植物的根、茎之谜

目录
MULU

你不可不知的十万个生命之谜

植物的生长之谜

NI BU KE BU ZHI DE
SHI WAN GE SHENG MING ZHI MI

目 录
MULU

你不可不知 的 十万个生命之谜

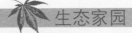

NI BU KE BU ZHI DE
SHI WAN GE SHENG MING ZHI MI

我们今天所知道的每一个物种，都是由某一个另外的物种传下来的。它的祖先是一个一个变化过来的。这些变化非常缓慢，有的甚至要花几百万年的时间。从地球上出现单细胞生物起，直到出现人类，一共经过了至少 33 亿年。如果把物种的演变过程拍成一部电影，取个名字叫"生命进行曲"，用每 1 分钟来表现 3000 万年之间的变化，那么从最初的单细胞生物开始，一直看到现代人出现，我们必须在电影院里坐上 1 小时又 50 分钟。

——【中】方宗熙《生命进行曲》

第一章 生命的起源与进化

生命诞生之谜

为什么说地球是太阳系中 最独特的星球?

地球可谓是太阳系中最独特的星球,首先是由于其运行轨道到太阳的距离恰到好处,使阳光和气温都很适合生命的产生及发展;其次,地球的大气组成也是独一无二的,不仅可以保护地球上的生物,还为生物的繁衍提供了有利的条件;第三是地球上有液态水。因此,地球成了太阳系中唯一拥有生命的星球。

缔造地球生命的 "原始汤"是什么?

地球在形成初期是火热的,并没有海洋。后来,伴随着降温,从内部喷出大量水蒸气。水蒸气遇冷凝结,形成云和雨。雨水填满裂缝和深沟,形成了海洋。大约 30 亿年前,大雨停止了,原始大气中的化学物质溶于海洋中,并在宇宙射线、闪电、高温等作用下,在海水中合成了一系列的生物单分子,主要有氨基酸、单核苷酸、脂肪酸等。它们是构成生命的基本物质,被科学家称之为"原始汤"。

生命与非生命物质的区别在哪里?

生命与非生命物质的最基本区别在于：生命能从环境中吸收所需的物质，排放出不需要的物质，这一过程叫新陈代谢；二是生命能繁殖后代；三是生命有遗传能力，能把上一代生命个体的特性传递给下一代，使下一代的新个体能够与上一代的个体具有相同或者大致相同的特性。生命的这些特征，都是非生命物质所不具备的。

最重要的生命物质是什么?

构成生命最重要的物质是一系列生物单分子，包括氨基酸、脂肪酸、糖、嘧啶、单核苷酸等高能化合物，它们是合成生物大分子的基本原料。生物大分子是构成生命的基础物质，包括蛋白质、核酸等。生物大分子是由生物单分子聚合而成的多分子体系，比生物单分子更为高级。

地球上的生命是彗星带来的吗?

彗星的组成成分和运转轨道都很特殊。不少科学家认为,彗星中含有丰富的有机分子,因此地球上的生命很有可能起源于彗星。他们是这样推断的:一颗或几颗彗星掠过地球,留下的氨基酸形成了有机尘埃,落入正在形成中的地球,从而为生命诞生创造了条件。

为什么说原始火山喷发有可能缔造生命?

地球形成时,原始火山活动频繁,形成了很多局部高温缺氧的地区,从而使附近水洼里的有机物形成大量氨基酸和核酸。水洼由于高温而蒸发干枯,其中的氨基酸形成高聚合物,再由雨水搬运到海洋。之后,氨基酸自我装配形成蛋白质,从而为生命起源做好了物质准备。

原始生命是怎样诞生的?

生物大分子的产生并不代表生命的出现，只有形成了不计其数的，以蛋白质、核酸为基础的多分子体系时，才可能产生生命。多分子体系能够起到催化作用，促使产生更高级的蛋白质和核酸。这些物质团聚在一起，被一层膜状物包裹起来，就诞生了最原始的生命。

17

为什么说生命的诞生离不开太阳?

科学家通过大量的实验证明，在原始海洋中，生命所必需的所有化学物质都可以在紫外线的照射下通过化学反应制造出来。虽然最初形成的生命很简单，但它们都无法离开太阳光能而自行制造出来。

NI BU KE BU ZHI DE

SHI WAN GE SHENG MING ZHI MI

史前生物进化之谜

人们是怎样划分史前各个年代的?

　　人们以生物演化为依据,建立了能反映地球相对年龄的地质年代(见下表)。确定地球相对年龄的主要依据是地层中出现的化石,它们就好像身份证一样标识了地层的特征。地质年代按从老到新的顺序可分为太古宙、元古宙、显生宙三个宙,其中显生宙又划分出古生代、中生代和新生代三个代。

宙	代	纪	符号	同位素年龄(百万年)		生物发展的阶段
				开始时间(距今)	持续时间	
显生宙PH	新生代 Kz	第四纪	Q	1.6	1.6	人类的出现。
		新近纪	N	23	21.4	动植物都接近现代。
		古近纪	E	65	42	哺乳动物迅速繁殖,被子植物繁盛。
	中生代 Mz	白垩纪	K	135	70	被子植物大量出现,爬行类后期急剧减少。
		侏罗纪	J	205	70	裸子植物繁盛,鸟类出现。
		三叠纪	T	250	45	哺乳动物出现,恐龙大量繁殖。
	古生代 Pz	二叠纪	P	290	40	松柏类开始发展。
		石炭纪	C	355	65	爬行动物出现。
		泥盆纪	D	410	55	裸子植物出现,昆虫和两栖动物出现。
		志留纪	S	438	28	蕨类植物出现,鱼类出现。
		奥陶纪	O	510	72	藻类大量繁殖,海洋无脊椎动物繁盛。
		寒武纪	€	570	60	海洋无脊椎动物门类大量增加。
元古宙PT				2500	1930	蓝藻和细菌开始繁殖,无脊椎动物出现。
太古宙AR				4000	1500	细菌和藻类出现。

地球上最早、最原始的生物是哪种？

大约40亿年前，地球上出现了最早、最原始的生物——原核生物。它们的形态很简单，一个细胞就是一个个体，没有细胞核，只有一团类核物质聚在中心。它们靠细胞表面直接吸收周围环境中的养料来维持生活，喜欢缺氧的环境。它们最初是圆球形的，后来为了增加身体与外界接触的表面积和自身的体积，渐渐演变成椭圆形、弧形、江米条状的杆形，进而变成螺旋状以及细长的丝状。

为什么说蓝藻的出现意义重大？

蓝藻，又称蓝细菌或蓝绿藻，是一种原核生物，含有叶绿素，能制造养分并产生氧气，以及独立进行繁殖。已知最早的蓝藻化石，发现于南非的古沉积岩中，距今已有34亿年。蓝藻的发生与发展在生物进化史上意义重大，因为它们使地球上从此有了氧气。

蓝藻是最简单、最原始的一种藻类，为单细胞生物，没有细胞核，但细胞中央含有核物质。这类生物属于原核生物。图为显微镜下的蓝藻。

地球生命的第一次繁荣发生在什么时候？

在元古宙的后期，也就是19亿年前，地球上的生命发展极其迅速。这是地球生命出现以来的第一次繁荣，原核生物兴盛发展，真核生物（细胞中心出现了覆着膜的细胞核）首次出现。真核生物的典型代表是藻类，它们的出现标志着地球大气圈含氧量开始增加，并促使原始大气圈形成。

古生代的"寒武纪生命大爆炸"是怎么回事？

从地球的形成到生命的出现，其间经历了十几亿年的时间。可是从寒武纪开始的短短几百万年的时间里，大量的多细胞生物如雨后春笋般地出现了，其中包括几乎所有现代动物类群的祖先。生物学家们把这一突然的、爆发式的生物演化事件称为"寒武纪生命大爆炸"，因为当时最繁盛的生物是三叶虫，因此又称"三叶虫时代"。

寒武纪时的海洋

三叶虫是一类什么样的动物?

三叶虫是节肢动物的一种，形状大多为卵圆形或椭圆形，大小在 1 毫米至 72 厘米之间，典型的大小在 2 厘米至 7 厘米之间。全身明显分为头、胸、尾三部分，背甲坚硬，被两条纵向深沟割裂成大致相等的三片。多数三叶虫有眼睛，可能还有用来产生味觉和嗅觉的触角。

三叶虫

三叶虫在灭绝前
繁衍生存了多久?

三叶虫是种生命力很强的动物，生活在温暖的浅海地区。它们在寒武纪早期出现，到了寒武纪晚期发展到高峰，在奥陶纪仍然很繁盛，进入志留纪后开始衰退，到二叠纪末就完全绝灭了，前后在地球上生存了 3 亿多年。

海洋无脊椎动物的全盛期是在什么时候?

　　在距今 5.1 亿～ 4.38 亿年的奥陶纪，生物界较寒武纪时更为繁盛，是海洋无脊椎动物空前发展的全盛时期，海生动物数量众多，有三叶虫、笔石、鹦鹉螺类、腕足类、珊瑚、海百合、苔藓虫、软体动物等。植物仍以海生藻类为主。

笔石是岩石还是动物?

　　笔石是一类已灭绝的远古海生群体动物，群体的骨骼呈简单或复杂的细枝状，它们保存下来的化石就像是用笔在岩层面上所书写的痕迹，所以得名"笔石"。常见的笔石有树形笔石类和正笔石类，其次是管笔石类。

笔石的化石

为什么说鹦鹉螺是奥陶纪海洋里的凶猛杀手？

在奥陶纪的海洋里，鹦鹉螺堪称顶级掠食者。它的身长可达 11 米，它那鸟喙一样的嘴和长触手从螺旋状外壳粗大的一端伸出来，主要以三叶虫、海蝎子等为食。在那个海洋无脊椎动物鼎盛的时代，它以庞大的体型、灵敏的嗅觉和凶猛的嘴称霸着整个海洋。

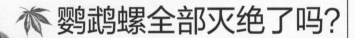

鹦鹉螺全部灭绝了吗？

鹦鹉螺是现代章鱼、乌贼的亲戚，它们在古生代几乎遍布全球，但现在基本绝迹了，只在南太平洋的深海里还存活着 4 种。因此，它们的化石就成了古生代地层的重要指标。

现代的乌贼，与鹦鹉螺有亲戚关系。

志留纪出现了
哪种更先进的生物？

无颌类是出现在奥陶纪的脊椎动物。到了距今4.38亿~4.1亿年的志留纪，更为先进的有颌类出现了，它们为后来的鱼类等高等脊椎动物的发展奠定了基础。脊椎动物的骨骼比无脊椎动物的骨骼更具优越性，这在生物演化历程上非常重要；植物方面，到志留纪晚期，陆生的裸蕨植物首次出现，植物终于从水中开始向陆地发展，这又是一重大事件。

为什说甲胄鱼
算不上是真正的鱼？

甲胄鱼其实算不上是真正的鱼，它们身体的前端包着坚硬的骨质甲胄，但没有成对的鳍，也没有上下颌。虽然同时期真正的鱼类也有全身披甲的，但那些原始鱼类有了颌和成对的鳍。因此，甲胄鱼只能算比鱼类低等的无颌类动物，是最古老的脊椎动物之一。

甲胄鱼的复原图

盾皮鱼的特征为具头盾和躯盾，由颈部一对关节连接。盾皮鱼生活于泥盆纪，只有两种生存到石炭纪。

谁是鱼类真正的祖先？

现生的各种鱼类，是由与甲胄鱼关系很近的盾皮鱼发展而来的。盾皮鱼的体表有分节的盾形骨质甲板，外形与甲胄鱼很相似。然而，甲胄鱼没有进化出上下颌，没有成对的鳍，而盾皮鱼已经有了上下颌和成对的鳍，还有成对的鼻孔。一般认为，盾皮鱼类中出现最早的是棘鱼类，它们进化成了硬骨鱼类；盾皮鱼的另一支则进化成了软骨鱼类。

陆生植物最早的祖先

长什么样？

裸蕨植物是目前所知的最早的陆生植物，出现于志留纪晚期，到了泥盆纪时达到繁盛，是当时陆地上最具优势的陆生植物，分布于世界各地；而光蕨又是裸蕨植物中最早出现的，它非常矮小，只有火柴棍一般高，无根无叶，茎很细弱，直径不到 2 毫米。

NI BU KE BU ZHI DE
SHI WAN GE SHENG MING ZHI MI
·学生探索书系·

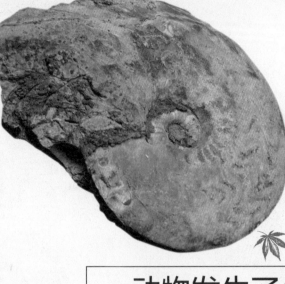

菊石的化石

泥盆纪时期的动物发生了什么样的变化？

在距今 4.1 亿～3.55 亿年的泥盆纪里，海洋无脊椎动物发生了很大的变化，之前非常繁盛的三叶虫几乎绝迹；鹦鹉螺类正逐渐被菊石类所取代；腕足动物和珊瑚动物得到了继续发展。此时的脊椎动物进入了发展的黄金阶段，各种鱼类空前繁盛。到泥盆纪晚期，由鱼类进化来的两栖类动物也开始登陆。

"鱼类时代"指的是哪个地质时代？

距今 4.1 亿～3.55 亿年的泥盆纪，是脊椎动物飞跃发展的时期，各种鱼类空前繁盛，有颌类、甲胄鱼数量和种类增多，现代鱼类——硬骨鱼开始发展。因此，泥盆纪常被称为"鱼类时代"。

🍁 1938 年 12 月在非洲南部东海岸捕获的拉蒂迈
鱼，是一种至今仍存活的总鳍鱼，它的鳍尾鳍
中突出呈矛状，所以也叫矛尾鱼。

🍁 为什么说鱼是两栖类的祖先？

在 4 亿年前的泥盆纪，湖泊和沼泽里生活着一种数量极多的总鳍鱼，如多鳍鱼、空棘鱼、扇鳍鱼等。这类鱼都是肉食性的，胸鳍和腹鳍发达。当时，地球的气候非常温暖潮湿，陆生植物猛增，水域的水质日渐变差或水域干涸，总鳍鱼便利用胸鳍和腹鳍支撑身体爬上地面，去寻找更适宜的水域。渐渐地，总鳍鱼的鳍内骨骼发生了改变，变得更适于爬行了，鳃也逐渐变成了肺，于是两栖动物出现。

🍁 陆地上从什么时候
开始出现了森林？

在泥盆纪，地球上的生物界发生了翻天覆地的变化，海洋生物开始大规模地向陆地进军。到了泥盆纪晚期，植物已经成功登陆，陆地上出现了许多成片的森林，最早的裸子植物也诞生了。

"两栖动物时代"

出现在什么时候?

两栖动物的祖先自泥盆纪晚期出现以来,在与陌生环境的斗争过程中不断地发展,到了石炭纪,进入了空前繁盛的时期。当时地面上覆盖着大片由木贼、厚层的蕨类植物和又高又细的树木构成的森林,这大大地增加了气候的湿润程度,为两栖动物的发展创造了良好的条件。从起始于 3.55 亿年前的石炭纪到结束于 2.5 亿年前的二叠纪,两栖动物十分繁盛,这一时期被称为"两栖动物时代"。

鱼石螈的身体呈现出鱼类和两栖类的双重特征。

为什么说原始两栖动物

不是现代两栖动物的祖先?

最早的两栖动物是出现于古生代泥盆纪晚期的鱼石螈和棘鱼石螈,它们拥有较多鱼类的特征,例如尚保留有尾鳍,多具有鳞甲,属于鱼类和两栖动物之间的过渡类型。在古生代结束后,大多数原始两栖动物灭绝,只有少数延续了下来,而新型的两栖动物才刚开始出现。

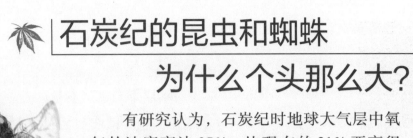

石炭纪的昆虫和蜘蛛
为什么个头那么大?

有研究认为,石炭纪时地球大气层中氧气的浓度高达 35%,比现在的 21% 要高很多。昆虫和蜘蛛通过遍布它们肌体中的微型气管直接吸收氧气,而不是通过血液间接吸收氧气,所以高氧气含量能促使它们向大个头方向进化。

现在的蜻蜓个头比巨脉蜻蜓小太多了。

石炭纪的巨脉蜻蜓
到底有多大?

3 亿年前的石炭纪已经有一种原始而庞大的蜻蜓,学名叫做巨脉蜻蜓。这种蜻蜓双翼展开宽达 70 厘米,而如今的蜻蜓,双翼展开仅仅 12 厘米左右。

停在树干上的巨脉蜻蜓

为什么昆虫要飞到空中呢？

昆虫从石炭纪开始得到了蓬勃发展，是最先掌握飞行技术的动物。它们之所以选择飞行，是因为飞行大大有利于躲避捕食者，征服新的领地，寻找新的食物来源。起初，昆虫可能只能跑、跳或从树上滑行下来，其中那些体型更有利于运动的常常存活下来，最终发育出翅膀，具备了直接飞到新的栖息地的能力。

为什么称二叠纪为
"生物圈的重大变革期"？

这是因为二叠纪晚期，地球上发生了生物进化史上规模最大的生物灭绝事件。这次事件导致了 70% 左右的陆生生物灭绝，90% 以上的海洋物种绝迹。与此同时，两栖动物开始大量繁殖，哺乳动物的先驱——温血爬行动物兽孔类开始发展。另外，古生代的石松、蕨类等植物日趋衰退，中生代的松柏类植物繁荣起来。

蕨类植物在什么时期最繁荣?

到了泥盆纪晚期,地球的外层已有了一层臭氧,可以阻挡紫外线的辐射,这对生物的陆地生活极为有利。这时,裸蕨植物的某些类型逐渐演变成为具有根、茎、叶分化的蕨类植物,它们在随后的石炭纪和二叠纪早期大量发育,十分兴旺,长成了树木的模样,构成了当时独特的蕨类植物森林。所以,从石炭纪到二叠纪早期也称蕨类植物时代。

裸子植物为什么会兴起?

在二叠纪,由于地球上出现了明显的气候带,许多地区变得不再适于蕨类植物的生长,多数蕨类植物开始走向衰亡。靠裸露种子繁殖的裸子植物因为更加适应环境,开始兴起,逐渐取代了蕨类植物的优势地位。从古生代的二叠纪到中生代的白垩纪早期,是裸子植物的繁盛时期。

三叠纪时植物发生了怎样的变化?

三叠纪早期的气候是半干热—干热类型的,所以植物大多属于耐旱品种,但很快气候向着温湿类型转变,植物也跟着发生了相应的变化,开始逐渐茂盛起来,类似现代的松树和苏铁等植物分布得越来越广,在古生代占主要地位的植物群至此几乎全部灭绝。

三叠纪原蛙类的化石

现代两栖动物最早是在什么时候出现的?

现代类型的两栖动物最早是在恐龙生活的中生代出现的。现代类型的两栖动物身上光滑没有鳞片,皮肤上布满了黏液腺,十分潮湿,因此被称为滑体两栖类。最早出现的滑体两栖动物是三叠纪的原蛙类。

原始青蛙和现代蛙有什么不同？

在恐龙生活的三叠纪时期，出现了原始青蛙，人们称它们为三叠尾蛙。它和现代蛙十分相似，只是脊椎骨数目较多，尾部仍由脊椎组成，而不是现代蛙所特有的愈合为一根的尾杆骨。三叠尾蛙比现代蛙个头要大，体长约有 1.2 米。

恐龙是最早出现的
爬行动物吗？

最早的爬行动物出现在石炭纪末期，由于是在树林里发现的，因此叫林蜥，属于杯龙类，不是三叠纪兴起的恐龙。在恐龙出现之前的岁月里，居统治地位的爬行类是一种像哺乳动物、背上长有"帆"的爬行动物，如早期的长棘龙（异齿龙）和基龙。

长棘龙的化石

最早的恐龙出现在哪个时期？

距今 2.5 亿 ~ 2.05 亿年的三叠纪是现代生物群开始形成的过渡时期，海洋无脊椎动物发生了巨大的变化，脊椎动物也得到发展。槽齿类动物在三叠纪正式出现，到三叠纪中晚期进化成最早的恐龙和鳄鱼的祖先，并慢慢在生态系统中占据了重要地位。因此，人们把三叠纪晚期称为"恐龙时代的黎明"。

恐龙是从什么时候
开始统治地球的？

距今 2.05 亿 ~ 1.35 亿年的侏罗纪，各类恐龙迅速繁衍，遍布世界各地，并发展成为地球霸主，开始统治地球。到了 1.34 亿 ~ 6500 万年前的白垩纪，恐龙的种类达到了鼎盛阶段，其中最著名的霸王龙已成为陆地上最大、最凶猛的肉食性动物之一。

恐龙为什么会灭绝？

　　恐龙曾经是整个地球的霸主，可它们却在 6500 万年前彻底灭绝了。据科学家们分析，整个灭绝过程可能仅发生在数月之内，但关于灭绝的原因目前仍没有定论，流行的说法有陨石撞击地球引起的、大规模火山爆发导致环境改变造成的以及疾病说等。

哪类动物取代恐龙成为新的地球霸主？

　　在白垩纪末期，恐龙的数量越来越少，到最后竟然绝迹了。恐龙的灭绝对哺乳动物来说真是天赐良机，它们渡过了这场危难，大量繁衍并迅速取代了恐龙的位置，成为新一代的地球霸主。

NI BU KE BU ZHI DE
SHI WAN GE SHENG MING ZHI MI

◆学生探索书系◆

中生代除恐龙外，哪种动物最凶猛？

在中生代，有一种巨型鳄鱼，身体可达10多米长。巨型鳄鱼有锋利的牙齿和坚硬的爪子，生性凶猛，如果有谁被它的血盆大口咬住，就在劫难逃了。在当时，巨型鳄鱼是唯一能与恐龙争霸的凶猛动物。

恐龙时代的海上三霸王是谁？

在恐龙统治陆地的1亿多年里，鱼龙、蛇颈龙和沧龙统治着海洋和河流，它们是中生代有名的海上三霸王。鱼龙、蛇颈龙和沧龙并不是恐龙，它们是恐龙的远亲，和恐龙有着共同的祖先，由于陆地上的生存竞争越来越激烈，所以它们又返回到水中，并在水里建立了自己的王国，成为中生代时著名的海上霸主。

沧龙正在捕食。

最早会主动飞行的
爬行动物是什么？

最早会主动飞行的爬行动物是翼龙，它与恐龙同时出现又同时灭绝。它出现时便能在空中翱翔，比鸟类早了大约 7000 万年飞上蓝天。它大如飞机或小如麻雀，当恐龙成为陆地霸主时，它始终占据着天空的霸权，是当时空中的主宰。

翼龙是蝙蝠的先祖吗？

蝙蝠和翼龙飞行的双翼都是薄薄的皮膜，并且它们都在休息时喜欢倒挂在树上或是悬崖上；但是蝙蝠的翅膀主要由 4 根指构成，休息时翅膀可以折叠起来，在起飞时翅膀可以像自动雨伞一样快速打开，而翼龙的皮膜里没有骨头。虽然翼龙与蝙蝠的相似之处很多，但是它们之间并没有亲缘关系。

为什么说鸟类出现是脊椎动物进化过程中的大事？

　　1861 年，生物学家在德国巴伐利亚州发现了侏罗纪晚期的、被公认为最古老的鸟类——始祖鸟的化石。因为这次发现首次证明了现生几大类脊椎动物已经占据了陆、海、空三大生态领域，所以鸟类的出现被视为脊椎动物进化过程中的一件大事。

始祖鸟的复原图

始祖鸟长什么样？

　　始祖鸟是目前公认的最早的鸟，生活在侏罗纪里。它的大小和现在的乌鸦差不多，但嘴里长满了牙齿，还没长出像现代鸟类一样的喙，骨骼内部也没有气窝，而且还拖着一条长尾巴，所以它还不能算是真正的鸟，但是它已经长出了羽毛，这些羽毛和现在鸟类的羽毛很像。

目前所知的最早能够远程飞行的鸟叫什么？

孔子鸟是目前我们所知道的最早能够进行远程飞行的鸟类，它的翅膀几乎与始祖鸟一样原始，但已有了一些诸如轻盈的骨头、角质喙、较短的尾巴等现代鸟类的特征。

恐怖鸟是有史以来最大的鸟吗？

恐怖鸟生活在 2700 万年前至 150 万年前，是世界上已知出现过的最大的鸟，身高可达 3 米，体重超过 200 千克。由于身形庞大、翅膀短小，所以它们不会飞行。它们的两条长腿粗壮有力，跑起来健步如飞，时速可达 70 千米。靠着形如钩镰状的喙，它们成为当时地面上最可怕的掠食动物之一。

恐怖鸟正在捕食早期的马类。

在恐龙生活的年代里，海里有海藻吗？

在恐龙生活的年代里，不仅陆地上长着各种各样的植物，海洋里还生长着原始的海藻——硅藻。硅藻是一种单细胞植物，因为外面有硅质的外壳，所以叫硅藻。硅藻是当时生活在海里的原始动物的主要食物之一，种类多，数量大，因此被称为海洋"草原"。

恐龙时代的植物会开花吗？

在恐龙生活的年代里，出现了被子植物，它们是白垩纪后期才出现的新生植物，不仅会开花，还靠花粉传播结出果实和繁殖后代。通过风和早期的蜜蜂等昆虫的传播授粉，被子植物迅速繁殖，并兴盛起来，成为白垩纪晚期以来主要的植物。

什么植物在地球上

开出了第一朵花?

古果化石

目前已知的最早开花的植物是生活在 1.2 亿年前的古果。古果是最古老的被子植物，已经具备了开花的基本特征，有花蕊，还长着豌豆一样的果实。它开出了地球上第一朵花，是世界上所有花、果和谷物的祖先。

白垩纪时的植物

对动物产生了哪些影响?

在白垩纪，木兰、柳、枫、白杨等被子植物兴盛起来，取代了裸子植物的统治地位。这样的变化也给动物界带来了极大的影响，鸟类、昆虫、哺乳动物的食物更加充足，繁衍更加迅速。同样，动物们也帮助被子植物传播花粉和散布种子，使它们愈加繁盛。

哺乳动物是什么时候出现的?

哺乳动物最早出现在三叠纪晚期到侏罗纪早期,但体型都非常小。在整个恐龙时代,哺乳动物一直是很不起眼的小型动物,直到中生代结束时也没有一种体形大小超过兔子的。到白垩纪时,哺乳动物开始发生变化,出现了胎盘类哺乳动物和有袋类哺乳动物。现在的哺乳动物都是从它们发展进化而来的。

恐龙灭绝时为什么哺乳动物没有灭绝反而兴盛了?

在恐龙灭绝前的几百万年,哺乳动物就开始进化出许多新的类型,再加上白垩纪晚期大陆漂移、海平面下降,为哺乳动物提供了新的生活空间,再者恐龙灭绝后少了生存的天敌,所以哺乳动物不但没有消亡,反而迅速地繁衍壮大起来。

新生代出现了哪些现代哺乳动物的祖先？

恐龙灭绝时，一些哺乳动物幸存下来，并在新生代得到了进一步发展。这些古老的动物逐渐被现代动物的祖先所取代。在哺乳动物中，出现了早期的马、大象和熊类。约在 4000 万年前，演化出了食草类的动物和猴子，而鲸、海豚等哺乳动物重回海洋。新生代成为哺乳动物的时代。

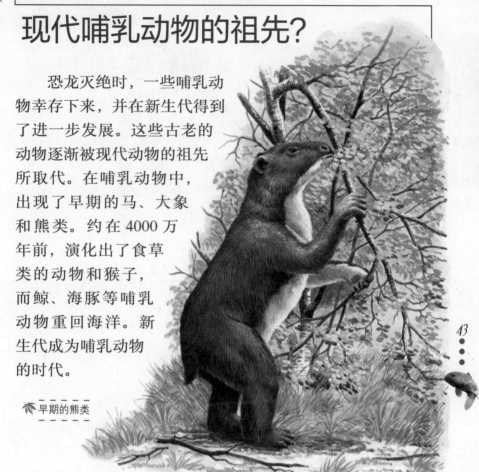

🍁 早期的熊类

43

🍁 新生代的植物有哪些变化？

在新生代，整个植物界呈现出一派欣欣向荣的景象，被子植物又得到了进一步发展，种类更加繁多，数量更大。慢慢地，被子植物中的草本植物出现了，并和豆科植物、菊科植物一起繁盛起来。

鲸的祖先是陆生的吗？

大约5000万年前，海洋中第一次有了哺乳动物——最早的鲸。最近发现的化石研究表明，海生的鲸最初是由中兽这类生活于溪流边的陆生哺乳动物进化而来的。步行鲸由中兽进化而来，是鲸的祖先之一，它的四只脚上还有用于行走的蹄子，不仅如此，它的脚还很大，可起到蹼的作用。步行鲸之后300万年，洛德鲸出现了，它仍能在陆地上行走，只是身体更加呈流线型。1000万年后，深

海成了15米长的古蜥鲸的家园。古蜥鲸的四肢很小，几乎无用。由此可见，鲸是由逐渐适应水中生活的陆生哺乳动物一点点进化而来的。

蝙蝠最早出现在什么时候?

蝙蝠是唯一会飞的哺乳动物，首次出现在 3500 万年以前。依卡洛蝙蝠是目前已知最古老的已经绝灭的蝙蝠，它的骨架是偶然从美国怀俄明州一个古代湖泊的岩层中发现的。它已经表现出许多现代蝙蝠的特征，包括以昆虫为食的习性。

猛犸象是因什么而绝迹的?

在 1.2 万 ~ 4 万年前，地球北半部生活着身披长毛、体型高大的猛犸象，它们也是现生大象的远亲。它们适应寒冷气候，有些种类背部长着长长的毛。据推测分析，猛犸象是由于早期原始人类的捕杀猎取，以及第四纪大冰期的结束使得种群因生存环境的恶化而数量剧减，最后在 1 万年前从地球上消失的。

人类进化之谜

人和动物有什么区别？

根据科学研究发现，人类和黑猩猩的基因大概有 99% 是完全一致的。尽管如此，人类和动物不但在外表上有明显的差异，还具有非常显著的特性差异，那就是人类具有思考和推理的强大能力。人类的大脑容量庞大，还有语言能力，因此才成为有史以来适应性最强的生物。

> 黑猩猩是与人类最相似的高等动物。研究表明，一些黑猩猩经过训练不但可掌握手语，而且还能利用电脑键盘学习词汇，其能力甚至超过两岁儿童。

人类的祖先是什么时候出现的？

在距今 2500 万年的新生代中新世，灵长类动物占据了重要地位。到了 1200 万年前左右，类人猿和大型猿类开始分别演化。随着时间的推移，地球上出现了具有现代猿类和人类特征的类人猿——拉玛古猿。在 500 万年至 150 万年前，人类的祖先——南方古猿终于出现了。

为什么说南方古猿已是人类？

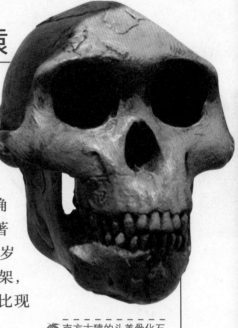

南方古猿的牙齿、头颅、髋骨等和人相近，和猿类有显著的差别，而且南方古猿已会使用工具和直立行走，由此被确认为最初的人类。南方古猿中最著名和最完整的化石是已有 350 万岁的"露西"，为一个成熟女性的骨架，但它只有现代 6 岁女孩那么大，比现代人矮许多。

南方古猿的头盖骨化石

人类的进化历程是怎样的？

人类是由古猿进化而来的，进化历程如下：南方古猿—早期直立人（包括能人，也称能干南方古猿）—晚期直立人（包括爪哇猿人、北京猿人、元谋猿人等）—早期智人（也称古人、尼人，包括中国的马坝人、丁村人等）—晚期智人（也称新人、克人，包括中国的河套人、山顶洞人等）—现代人（包括黄种人、白种人、黑种人、棕种人）。

现代类人猿的祖先
为什么没有进化为人类？

现代类人猿和人类拥有共同的祖先——古猿。在长期进化的过程中，其中一些古猿在一起狩猎，互相合作，互相学习，创造出语言和各种工具，同时还出现了手和脚的分工。这些变化促进了他们的脑发育，使他们慢慢地进化成了今天的人类，而另一些古猿只能利用简单的工具，不会制造工具，也没有实现手和脚的分工，更无法进行有效的交流，因此只能进化为现代类人猿，而无法变成人类。

原始人是怎样跑到世界各地去的？

一些科学家猜测，在冰川期时，世界各地到处都是冰，可以流动的水不多，因此很多岛屿和大陆都是相连的，这使人类很容易从一个领域扩张到另一个领域。计算表明，即使人类每年向东迁移 1 千米，也只需不到 1 万年的时间，就可以从非洲迁徙到东南亚了。

🌿 原始人会用捕来的野兽的毛皮制作衣服，用它们的牙齿制作饰品，而将它们的角制作成工具。

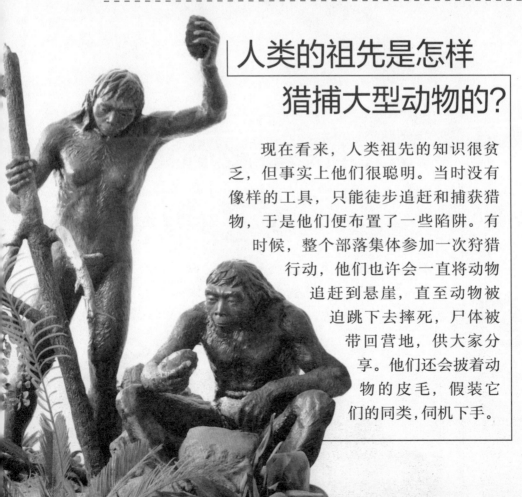

人类的祖先是怎样猎捕大型动物的？

现在看来，人类祖先的知识很贫乏，但事实上他们很聪明。当时没有像样的工具，只能徒步追赶和捕获猎物，于是他们便布置了一些陷阱。有时候，整个部落集体参加一次狩猎行动，他们也许会一直将动物追赶到悬崖，直至动物被迫跳下去摔死，尸体被带回营地，供大家分享。他们还会披着动物的皮毛，假装它们的同类，伺机下手。

人类最初使用什么样的工具?

在直立人出现之前,人类主要使用砾石打制的砍砸器,也有一些形状不规整的石片。到直立人阶段,人类开始能制造简单的石器,例如石斧,此外还使用木器、骨器和角器,后来还使用陶器。工具是人类进步的推动力,不仅开发了智能,还大大有利于生存,因此意义重大。

原始人用火有什么意义?

火的使用意义重大,能帮助人们御寒;防御野兽的侵袭,加强自卫能力;使人类由食用生食转为进食熟食,减少肠道传染病、消化性疾病的发生;提高了食物的消化和吸收程度,促进人体的发育,提高人体素质,延长寿命。此外,原始人开始用火以后,因烧烤食物而发明了制陶的方法。

人类是从什么时候开始有语言的？

鸟类可以通过鸣叫声来通知自己的同伴共同防范入侵的敌人，猴子可以用不同的声音来表达各种内容。在发音这一点上，人类是独一无二的。人类拥有一套非常完善的语言系统，表达极其复杂的意思。一种复杂的语言要出现，首要条件是必须拥有合适的嘴巴、咽喉。有科学家认为，人类拥有真正的语言还不足 5 万年。

早期的人类住的房子是什么样的？

对于早期的人类来说，洞穴无疑是最好的避难所，但不一定是很深的洞穴，那些凸起的岩石下面就能改造成一个很不错的住处。然而，并不是所有的人都有山洞可以住，那些在野外的人就用树枝搭出房屋，有的则用动物的骨头和皮毛搭屋。

原始人用树枝和兽皮搭建房屋。一些民族一直在用这种古老的房屋。

人为什么不长尾巴？

人的尾巴不是不长，而是在漫长的进化历程中一点点退化了。人的祖先是古猿，他们从林间转移到地下生活，不再使用尾巴了，慢慢地，尾巴就消失了，只剩下现在那截短短的看不见的尾骨。当然，尾骨对人体也不是完全没有用的，它对支撑人体内脏的骨盆肌起到了固定作用。

人类是世界上唯一没有尾巴的动物吗？

除了人类，世界上还有一些动物没有尾巴，例如类人猿（长臂猿、黑猩猩、大猩猩）、树袋熊（又称考拉、无尾熊）、螃蟹，还有个别种类的蝙蝠没有尾巴。

树袋熊

人为什么不长厚厚的皮毛？

人与动物的一个最大区别就在于，人的皮肤脱去了厚厚的毛，将皮肤变成了一个巨大的感受器，用来感受冷、热、痒、痛、触、压等信息，并将信息报告给大脑，使大脑对信息做出反应。这是促进大脑充分发展的一个重要因素。科学家认为，皮肤脱毛是人成为具有创造力的社会人的最后一个生物学条件，是一个很有意义的进化。

人进化这么久，
为什么头发还没有进化掉？

头发之所以还没有进化掉，是因为它对人还有用：一当头盔，发生意外事故时头发能减缓对头部的冲击；二可以像帽子那样保暖，还可以避免日光直晒头部，晒伤头皮。

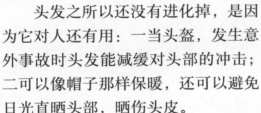

衣食住行是人生的四件大事，一件都不能缺少。不但人类如此，就是其他生物也何曾能缺少一件，不过没有人类这样讲究罢了。细菌是极微小的生物，是生物中的小宝宝。这位小宝宝穿的是什么？吃的是什么？住在哪里？怎样行动？……

——【中】高士其《细菌的衣食住行》

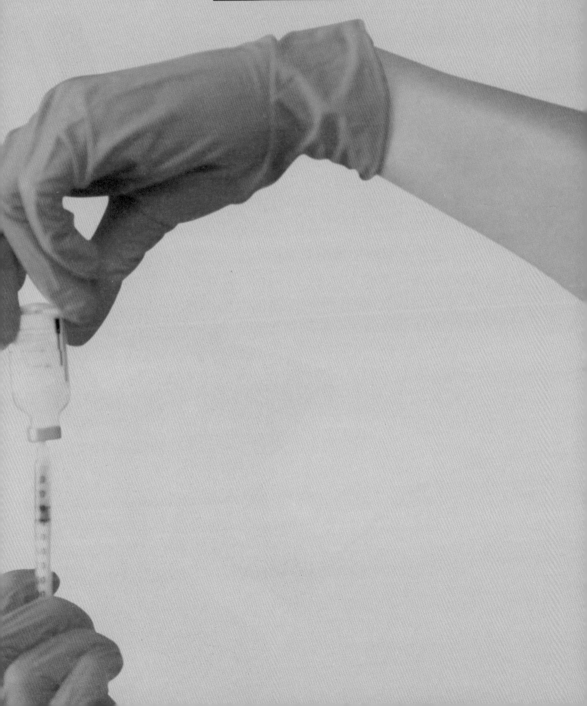

第二章 微生物世界

微生物的特征之谜

微生物是怎样被发现的?

很久以前，人们只知道生物界有动物和植物，并不知道微生物的存在。1675 年，荷兰人列文·虎克创制了显微镜，并利用它首次观察到了微生物。从那以后，人们又发现很多微观世界的"小居民"，包括细菌、病毒、真菌以及一些小型的原生动物等在内的一大类生物群体。它们个体微小，却与人类生活密切相关，在自然界中无处不在。

微生物有多大?

绝大多数微生物都非常小，必须通过显微镜放大约 1000 倍才能看到。比如中等大小的细菌，1000 个叠加在一起只有句号那么大。想象一下，一滴腐败的牛奶中含有大约 50 亿个细菌。

微生物都分布在哪里?

微生物在自然界中的分布极为广泛，是任何动植物无法相比的。上至几万米高空，下至几千米深的海底，热达300℃的温泉，冷至 −80℃的极地，都可以找到它们的踪迹。微生物大量存在的地方是土壤，那里它们一统天下，在 1 克肥沃的土壤中有几十亿个微生物。

为什么土壤中的
微生物特别多?

这是因为土壤为微生物提供了适宜它们生存的各种有利条件：动植物尸体都残留在土壤中，为它们提供食物；土壤中含有丰富的钾、钠、镁、硫、磷等它们生长必需的矿物元素；土壤具有适宜的湿度，一年四季温度变化不大，没有严寒，也没有酷暑，利于生长……这些条件要大大优于其他环境，因此微生物会在土壤中大量繁殖。

微生物都吃些什么东西？

微生物"食"性很杂，几乎什么都吃，如蛋白质、脂肪、糖类以及无机盐。甚至有些不能被动植物利用的物质，如纤维素、石油，以至有毒物质，微生物也都有办法分解它们。这样，人们就可以用微生物来开展综合利用，化废为宝。

为什么称微生物为"活化工厂"？

微生物虽然很小，但胃口"大"，能"吃"会"拉"，代谢旺盛，代谢强度比高等动物的高几千倍到几万倍，因此有了"活化工厂"之称。例如，一千克酒精酵母一天能分解几千千克糖类，使它们变成酒精，因此工业上多利用微生物进行规模化生产。

为什么说微生物是
"性情易变的魔术师"？

尽管每个动植物都与自己的父母长得很像，但也不可能完全相同，它们兄弟姐妹之间也会存在一定差异，这就是变异。微生物之间也存在变异现象。微生物由于个体构造很简单，所以更容易受到环境的影响，发生变异的机会更大。相对动植物而言，它们就像"性情易变的魔术师"，可谓是瞬息万变啊！

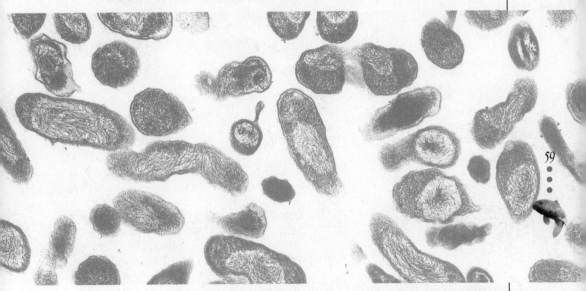

59

为什么微生物在自然界很重要？

微生物是自然界唯一被确认的固氮者（如大豆根瘤菌）与动植物残体降解者（如纤维素的降解），处于生物链的首末两端，来完成碳、氮、硫、磷等在自然界大循环中的衔接。若没有微生物，众多生物就失去必需的营养来源，植物的纤维质残体就会因无法分解而无限堆积，自然界就会失去当前的繁荣与秩序。因此，我们说微生物在自然界中充当着很重要的角色。

细菌和病毒之谜

细菌是怎样被人们所认知的?

最早观察到细菌的是 17 世纪的荷兰人列文·虎克，他发明了显微镜，并利用自制的仪器观察雨水，发现了包括细菌在内的许多微小生命体。然而，当时以及后来很长一段时间，人们并不了解细菌的真实情况，直到 19 世纪，法国科学家路易·巴斯德揭示出食品变质、发酵等现象都是细菌在作怪，人们才了解了细菌的真面目。

病毒是怎样被发现的?

19 世纪末，法国科学家路易·巴斯德在研究蚕病时首次发现了病菌（可致病的细菌）。随后，他对狂犬病进行了研究。然而，他在用显微镜观察狂犬的脑髓液时并没有发现病菌，可是将这一脑髓液注射进正常犬的体内后，正常犬马上就得病死掉了。由此，巴斯德意识到，引发狂犬病的是一种比细菌还小的病原性生物，即后来人们所称的病毒。

像牛顿开辟出经典力学一样，巴斯德开辟了微生物领域，他同样也是一位科学巨人。

细菌和病毒是一回事吗？

细菌和病毒不是一回事。病毒不是细胞生物，构造极简单，外层是蛋白质，内部裹着遗传物质。它们无法独立生存，只能在细胞内寄生。细菌是原核生物的一种，有着完整的细胞结构，能独立生存，有的寄生，也有的不寄生。

61

细菌和病毒，哪个体型更小？

病毒的体积比细菌更小。细菌以微米（千分之一毫米）为单位来表示大小，需在普通显微镜下放大几百倍、几千倍才能看到，而病毒是以纳米（千分之一微米）为单位来表示大小的，也就是说，细菌比病毒要大上千倍。病毒用普通显微镜无法看见，只能用电子显微镜放大几万倍、十几万倍才能看到。

病毒是最小的生物吗？

19 世纪末，科学家发现烟草花叶病和牛口蹄疫的病原体特别小，可以来去自如地穿过细菌无法穿透的过滤器，人们把这种病原体称为病毒。较小的病毒只有 20～30 纳米，1 纳米仅等于 100 万分之一毫米，但它并不是最小的生物。后来，人们又发现了类病毒，它只有病毒的 1/80 那么大。也许在不久的将来，科学家还会发现比类病毒更小的微生物呢！

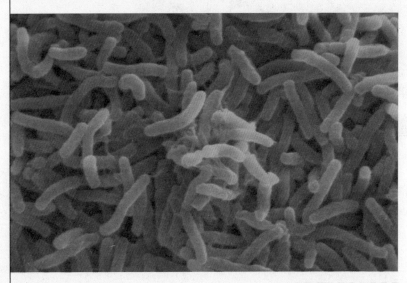

显微镜下观察到的杆菌

细菌长什么样？

细菌的种类繁多，外形也多种多样，但都是以单个细胞的形式存在的。细菌大致有三种形状：一种长得又胖又圆，像个气球，叫球菌；一种长长的、瘦瘦的，像根棍子，叫杆菌；还有一种身体扭曲旋转的，叫螺旋菌。

细菌为什么
繁殖那么快?

因为细菌是单细胞结构，多采用自然界最简单的分裂生殖方式，即 1 个变成 2 个、2 个变成 4 个，呈指数级的增长。所以，如果条件适合细菌生长，它的繁殖速度会非常惊人。通常，细菌每隔 20 分钟即可分裂一次，一天时间内即可繁殖 72 代,如果一个不死,总量将达到 4722 吨。当然，它们不会这样无限制地繁殖下去，因为影响细菌繁殖的各种因素随时都在起作用。

细菌和病毒
都是"坏蛋"吗?

人们一听到"细菌""病毒"之类的字眼，就会联想到各种疾病和传染病，因此总有一种厌恶和恐惧的感觉。其实，危害人类的病毒、细菌只是一小部分，它们之中的大多数都能与我们和平相处，甚至还能造福人类呢！因此，不要以偏概全，而要区分哪些是"好的"，哪些是"坏蛋"。

人们怎样利用病毒来造福人类?

在医学上，人们利用噬菌体病毒吞噬细菌的特性，来治疗或预防细菌感染；在农业上，用昆虫病毒来防治害虫，不仅安全可靠，还有利于环境保护；在培育植物新品种上，利用病毒入侵花卉使之变色或畸形,培育出菊花中的"绿菊"和黄杨中的"金心黄杨"。

牛奶为什么会变成酸奶?

酸甜可口的酸奶其实是人工制造出来的。人们往牛奶中加入了一种特殊的细菌——乳酸菌,它可以把牛奶中的葡萄糖变成乳酸。乳酸带有好吃的酸味，再加上乳酸菌在发酵过程中还会产生一些挥发性的带香味的物质，因此酸奶就成了人见人爱的食品。

泥土为什么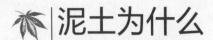会有一股土腥味?

自然界有一种放线菌,它们呈菌丝状生长,以孢子繁殖,广泛分布于土壤中,河底、湖底的淤泥中,尤其土壤中最多。每克土壤中含有几万至数百万个放线菌的菌体和孢子。泥土特有的泥腥味就是由放线菌产生的代谢产物——土味素引起的。

为什么说固氮菌是植物天然的"氮肥制造厂"?

氮是植物生长不可缺少的"维生素",是合成蛋白质的主要来源。固氮菌与一些植物共生在一起,它擅长空中取氮,能把空气中植物无法吸收的氮气转化成氮肥,源源不断地供植物享用。固氮菌每年从空气中固定约 1.5 亿吨氮肥,是全世界氮肥生产总量的几倍,可不就是植物天然的"氮肥制造厂"!

哪种微生物被视为"恐怖分子"？

在微生物中，最可怕的是病原微生物，也称病原体，即可使人生病的病菌和病毒。痢疾、破伤风、脑膜炎、生疮化脓等均是由病菌引起的；流行性感冒、狂犬病、艾滋病甚至动物的瘟病和植物的某些病害，则是病毒引起的。由于危害很大，病原微生物便成为人们避之不及的"恐怖分子"。

为什么有害菌很难被杀灭？

有些细菌，例如破伤风杆菌、气性坏疽病原菌、肉毒杆菌、炭疽杆菌等，在环境不利或恶化时，在菌体内部能形成圆形或卵圆形小体，它就是芽孢。芽孢具有厚而致密的壁，通透性低，可以抵御热力、干燥、辐射、化学消毒剂等的破坏，从而使细菌很难被杀灭。

人体内的细菌为什么能与人和平共处？

据科学家们的统计，正常成年人的身上含有100万亿个细菌，其重量为1.271千克。多数情况下，人体内的这些细菌彼此之间都会保持"和平共处"，菌群之间也存在生态平衡关系。同时，菌群与人体也形成了一种互相依赖、互惠互利的关系，例如，当人类的肠胃功能出现紊乱的时候，乳酸菌就会发挥它的功能，帮助我们消化大量的食物并抑制有害物质的产生。这些细菌对维持人体微生态平衡和肠道机能起着举足轻重的作用，而人体内适宜的环境，也有利于这些细菌的生长和繁殖。

疫苗是怎样制作出来的？

将病原微生物（如细菌、病毒等）及其代谢产物，经过人工减毒、灭活或利用基因工程等方法制成免疫制剂，即疫苗，可用来预防传染病。当人或动物接触到这种不具伤害力的病原微生物后，体内的免疫系统便被激活，从而产生抗体，来杀死或吞噬病原微生物，实现了自我免疫。

真菌之谜

真菌和细菌有什么区别？

真菌和细菌的名称中均有一个"菌"字，同属微生物，但两者却有着诸多不同。细菌没有核膜包围形成的细胞核，属于原核生物；全部由单个细胞构成，且个头较小，直径一般为 1～10 微米。真菌有核膜包围形成的细胞核，属于真核生物；既有酵母菌这样的单细胞体，也有食用菌这样由多个细胞构成的生物体，且个头较大，直径一般为 10～100 微米，个别种类的子实体（长出地面的菌丝部分）更大。

真菌家族中都有哪些成员？

真菌是微生物王国中最大的家族，成员约有 25 万种，可以划分为酵母菌、霉菌、大型真菌三大类。真菌在日常生活中很常见，例如，供人们食用的蘑菇、木耳；帮助酿酒、发面的酵母菌；还有家具因潮湿长出的白毛，以及皮肤、指甲得的各种癣病等，都是真菌在作怪。

真菌是怎样繁殖后代的?

　　像酵母菌这样的单细胞真菌，一般采用出芽生殖，就是母细胞上会凸出一块，大到一定程度便脱落下来，成为独立的子细胞，或者像细菌那样裂殖，母细胞裂开成两个子细胞。像多细胞的真菌，除出芽生殖外，有的产生孢子，孢子就好像植物的种子一样，遇到适宜的环境便开始生长；有的采用菌丝分枝与断裂等方式，来进行繁殖。

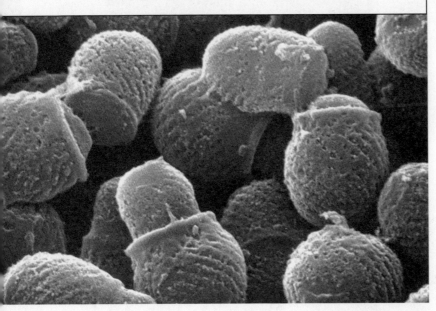

酵母菌的出芽生殖

🍁 蒸馒头为什么要加酵母？

小朋友，你注意到了吗？妈妈蒸馒头和面时除了放面粉和水外，还要放些从超市里买回来的酵母。酵母就是酵母菌，它使蒸出来的馒头变得又大又松软。原来，酵母菌在受热的情况下，会分解面团里的营养物，同时产生大量二氧化碳和水。二氧化碳气体填充在面团中，使面团的体积增大，质地更加松软，这样蒸出来的馒头很好吃。

🍁 为什么东西放久了会发霉？

发霉就是霉菌寄生在食物、布料等等东西上，并且生长起来的样子。霉菌的孢子在空气中是无处不在的，它们喜欢潮湿温暖的地方，只要找到适合生存的地方，它们就会在那里驻扎下来，长出一些肉眼可见的绒毛状、絮状或蛛网状的菌落，于是东西就发霉了。

霉菌对人类有益处吗?

霉菌也叫"发霉的真菌",常见的有根霉菌、毛霉菌、曲霉菌和青霉菌等。霉菌对于人类有功有过,有些会引起衣服、食物和物品霉烂,使人和动植物得病,如黄曲霉菌;有些却在酿造行业上大显身手,像豆腐乳是毛霉菌制造的,酱、酱油是曲霉菌制造的,青霉素是青霉菌制造的。

青霉素是如何被发现的?

1928 年,英国细菌学家弗莱明一直在研究葡萄球菌。一天早晨,他来到实验室,察看培养皿中的葡萄球菌。突然,他发现一只器皿中有一些青绿色的霉菌,而霉菌的周围一片澄清,这说明葡萄球菌被杀死了。弗莱明没有放过这个发现,随后又做了一系列实验,终于发现了青霉菌的产物——青霉素,它可以治疗一系列因细菌感染而造成的疾病。

亚历山大·弗莱明于1928年发现的青霉素,起初并未引起高度的重视,直到1941年,经英国病理学家弗洛里和德国生物学家钱恩进一步完善,才开始用于临床。

谁是真菌中的"巨人"？

　　大型真菌也称蕈菌，长成后的子实体个头很大，在 20 厘米左右，个别的更大。常见的大型真菌包括两大类：食用真菌，有香菇、金针菇、猴头、木耳、银耳等；药用真菌，有灵芝、茯苓、冬虫夏草等。大型真菌的一部分菌丝深入到土壤或树木里，起到固定身体和获取营养物的作用，作用有点像植物的根；整个地上部分叫做子实体，也是由菌丝构成的，可供人食用。比起真菌中那些用显微镜才能看到的小家伙，大型真菌算得上是"巨人"。

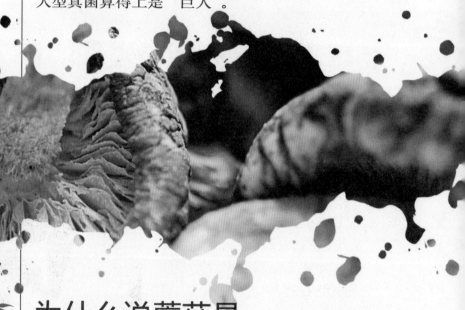

为什么说蘑菇是
植物中的冒名者？

　　原来，人们一直把蘑菇等大型真菌归为植物。然而，蘑菇既没有根、茎、叶，也不能制造叶绿素，还不含有纤维素，也就是说，它根本不具备植物应有的特征，所以说它是植物中的冒名者。按照现在流行的生物学分类方法来划分，蘑菇属于真菌界担子菌亚门中的生物。

为什么许多蘑菇都有"伞盖"？

　　蘑菇的形态都很相像，长出地面的部分好像一把撑开的伞。"伞盖"部分叫做菌盖，"伞柄"部分叫做菌柄。菌盖的下面生有许多个放射状排列的薄片，叫做菌褶。菌褶表面生有许许多多的孢子。由于蘑菇靠孢子繁殖，所以蘑菇都生有"伞盖"这样的繁殖器。

下雨后，地上为什么
会长出许多蘑菇？

蘑菇靠孢子来繁育后代，而孢子都藏在菌盖下面的菌褶中。孢子成熟后就从菌褶中喷出，散落到土壤里。这些孢子非常小，埋在土里先产生菌丝，不易被人察觉。而雨后，菌丝吸足了水分，会在很短的时间里伸展开来，冲破土层，长出明显的子实体。所以，人们就会觉得雨后蘑菇长得又多又快。

为什么蘑菇吃起来味道鲜美？

蘑菇是世界上消费量最大的食用菌之一，它含有丰富的蛋白质，其中组成蛋白质的氨基酸不仅含量非常高，而且种类相当全面，18 种常见的氨基酸几乎都有。在烹调过程中，蛋白质会分解成各种氨基酸，而氨基酸是产生鲜味的重要原因，因此蘑菇吃起来特别鲜美。

什么环境能让香菇变得更香?

香菇营养丰富,味道鲜美,是一种常用的食用菌。它喜欢生长在枯死腐烂的树干上,头顶一个又大又圆的伞盖,伞盖下面是一片片的褶纹。香菇的好坏和它的生长环境有很大关系。如果生长在白天很热、夜晚很冷的地方,香菇就会长得又肥又大,并充满浓郁的香气。

怎样分辨毒蘑菇?

全世界的毒蘑菇有 150 多种,它们和正常蘑菇有很多差别。可以这样分辨毒蘑菇:毒蘑菇的外表常常是怪模怪样的,颜色大都很鲜艳,伞盖上有一层又黏又湿的黏液;凡是小兔子等小动物爱吃的蘑菇,一般都是无毒的;烧煮时,能使银羹匙变黑的、能使牛奶凝结的、能使葱变成咖啡色或青色的蘑菇,都是有毒的。

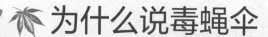

为什么说毒蝇伞 是"美丽的杀手"？

毒蝇伞又叫蛤蟆菌，它的伞盖很漂亮，呈现出特殊的鲜红色或橘黄色，上面还有一些黄白色的突起。但是，你千万别被它的外表所迷惑，因为它是一种毒性很强的蘑菇，误食的话会出现浑身发抖、神经错乱的症状，如果不及时治疗，就会中毒死亡。

人们是怎样发现银耳的？

据说在很久以前，四川有一个地方的人都种植黑木耳。可是有一天，有人发现在生长黑木耳的树上长出了白色的、像木耳一样的东西，人们都不敢碰它。后来，有人把它当花来养。不知什么时候，有个胆大的人吃了一点，发觉很好吃。从此，白木耳摇身一变，成了名贵的滋补品。其实，白木耳就是我们现在常吃的银耳。

为什么说竹荪是 "美丽的天使"？

竹荪生长在潮湿的竹林中，样子很迷人，一根又粗又白的柄上顶着一个小小的伞盖，伞盖里垂下一圈透明的、像网格一样的"纱裙"。远远望去，一个个小竹荪就像手拉手跳舞的"美丽的天使"。

竹荪素有"真菌皇后"之美誉，是宴席上的美味佳肴，营养丰富，脆嫩爽口。

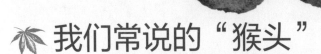

我们常说的"猴头"
是指猴子的头吗？

"猴头"并不是猴子的头，而是一种珍贵的真菌，既有食用价值也有药用价值。它隐居在北方的林海之中，喜欢生长在栎树、柞树等阔叶树下，很不容易被人发现。刚长出的小猴头一身洁白，长大后，白色的毛变成浅棕黄色，样子很像猕猴的脑袋，因此被称为"猴头菇"。

哪种菌类可以充当天然武器?

  在南美洲的原始森林里,生长着一种叫马勃的大型真菌。它的身体硕大,样子很像南瓜,每个都超过 5 千克重。如果你不小心踩在马勃上面,它就会发出一声巨响,同时喷出一股浓浓的"黑烟",呛得你眼泪直流、喉咙发痒、咳嗽不止。当地印第安人就用马勃作为天然武器,来对付入侵的敌人。

传说中的"仙草"指的是什么?

  传说中,有一种"仙草"能够使人起死回生,其实这种"仙草"就是灵芝。野生的灵芝生长在深山老林中,长着一根弯弯曲曲的长柄,上面顶着一个大耳朵一样的菌盖。

  它的菌盖并不像蘑菇那样软软的,而是又厚又硬,表面闪着红中带黑的光亮,隐约间还可以看到像云彩一样的花纹。

"冬虫夏草"是虫还是草？

在生物王国中有这样一种怪东西，你说它是条虫吧，夏天里却长得像根小草；你说它是根草吧，冬天里却像一条虫。原来，它既不是草也不是虫，而是一种叫"冬虫夏草"的真菌，简称虫草。春末夏初，虫草的孢子随风飘散，落到一些适宜的昆虫身体上，在那里安家落户。它以昆虫的幼体为养料，慢慢生长。到了冬天，被虫草感染的幼虫钻入土中，菌丝在那里继续生长。到了第二年春天，虫草冲破幼虫的头部，露出地面，在接近盛夏时长成棕色的棒状子实体。

　　世界上所有的动物都是我们人类的邻居，因为它们的生存与活动，这世界才变得多姿多彩。世界上所有的植物都是我们人类和动物的"衣食父母"，因为它们的奉献，这世界才有蓝天、绿地、美味可口的食物和景致如画的自然风光。关注动物和植物，是因为它们不仅美丽，还很奇妙；探索它们，是因为它们每一个都独特而非凡；热爱它们，是因为它们是我们地球生命大家园里重要的一分子，是朋友，也是家人。

——编者

第三章 动植物王国

DONG ZHI WU WANG GUO

植物的特征及习性之谜

丰富多彩的植物世界是怎样形成的?

大约在 34 亿年前,地球上出现了一些原始植物,这些原始植物经过漫长的岁月,只有一部分保留下来,另一部分则演化成了新植物。慢慢地,一部分老的物种由于各种原因灭绝,而新的植物种类在不断产生。就这样,经过不断地遗传、变异和演化,今天丰富多彩的植物世界就形成了。

植物是如何命名的?

地球上生活着各种各样的植物,种类有 50 多万种。为了更好地区分它们,瑞典植物学家林奈最早提出了植物分类方法,按照门、纲、目、科、属、种来划分。他把每种植物的名字都分成两段,第一段是它的种属名,第二段是它自己的名字。这样世界上的每种植物都有了属于自己的名字。

裸子植物和被子植物有什么区别和联系？

裸子植物和被子植物都是种子植物，它们的共同特征就是都具有种子这一构造。但这两类植物又有重要的区别：裸子植物的种子是裸露在外的，如松子；被子植物的种子则有果皮包被，如苹果。被子植物比裸子植物更能适应环境，属于更高一等的植物。

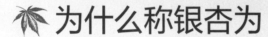

为什么称银杏为植物中的"活化石"？

银杏是裸子植物，也是世界上最古老的树种之一，大约在2.7亿年前就已经存在了。当时，它和一些蕨类植物相比，还属于高等植物。到了1.7亿年前时，银杏已经遍布世界各地。但后来，大部分银杏却像恐龙一样灭绝了，只有很少的一点在我国的部分地区保存了下来，成为稀世之宝，因此被称为植物中的"活化石"。

83

植物与动物有哪些显著的区别？

植物与动物不仅在外形上有很大的区别，在内部构造和生理行为上也不相同。植物的主体是由根、茎、叶构成的，动物的主体是由头、躯干、肢体构成的。植物细胞有细胞壁，里面有叶绿体和大液泡，可以通过光合作用制造营养物；动物细胞没有细胞壁、大液泡，无法自制营养物。绝大多数植物不能像动物那样四处移动，只能固定在一个地方生长。

植物也要呼吸吗？

人和动物都需要呼吸，植物也一样，需要日夜不停地呼吸。所不同的是，植物没有明显的呼吸器官，但它的各部分——根、茎、叶、花、果实、种子的每一个细胞都在进行呼吸。植物细胞内有一种呈棒状或粒状的细胞器，它就是线粒体，专门管呼吸的，也一样是吸入氧气，呼出二氧化碳。所以说，植物也是会呼吸的。

植物也像动物一样长毛吗？

如果你善于观察的话，就会发现许多植物身上长有像动物一样的毛。南瓜的叶子表面就长着一层很细很密的茸毛，可避免过度日晒；有些植物的根上长有根毛，以利于吸收养分和水；寒冬里，树木的叶芽上披着一层茸毛，这样可以防寒；蒲公英的种子上挂着像伞一样的冠毛，帮助种子飘向远方；棉花种子的外面也长有一层毛；桃子表面有一层茸毛，保护着果实；高寒环境下的植物，甚至通体长毛。

🍁 植物吃什么长大?

人和动物都需要吃食物才能长大,而植物却是自己制造食物,它们的食物加工厂就藏在叶片里。叶片里有一个叫叶绿体的小构造,那里面含有叶绿素。叶绿素能利用阳光、水和空气中的二氧化碳制造出营养物。这些营养物除了供给植物成长以外,还会积累在果实或种子里。

🍁 绿色植物为什么喜欢阳光?

太阳每时每刻都在向地球传送着光和热。有了太阳光,绿色植物才能进行光合作用。绿色植物的叶子里含有叶绿素,只有它能利用太阳光的能量合成各种物质,这个利用光合成物质的过程就叫光合作用。据计算,整个世界的绿色植物每天可以产生约 4 亿吨的蛋白质、碳水化合物和脂肪,与此同时,还能向空气中释放出近 5 亿吨的氧,为人和动物提供了充足的食物和氧气。

植物"喝"的水都到哪里去了？

　　植物的根在地下不停地"喝"水，但是99%的水都没有保留下来，而是通过叶片上的气孔，以水蒸气的形式排到空气中了。原来，这是植物在利用水散热呢，以避免被太阳光灼伤！植物体内"多余"的水吸收周围的热，变成水蒸气，从气孔中跑出来，飞散到空气中，并带走热量，就好像人要出汗一样。这种现象叫做叶的蒸腾作用。蒸腾作用可在植物体内产生一种向上的拉力，促使根不断地吸收水分，这样连树梢上的叶也能"喝"到水了。

植物也有血型吗？

　　人体内的血液有各种各样的类型，人们称它为血型。然而，让人震惊的是，1983年初，日本一位叫山本茂的法医在侦破一起凶案时，意外地发现枕芯里的荞麦皮也有血型。接下来，他做了一系列深入的实验研究，证实了植物确实存在血型。植物血型的发现不仅为植物血清分类测定、细胞融合以及品种杂交等提供了新思路，而且可能成为打开生物进化过程的一把钥匙。

植物也睡觉吗？

　　植物也会睡觉，被称为睡眠运动。自然界会睡觉的植物有很多，如含羞草、睡莲等。不仅叶子有睡眠要求，就连娇柔艳丽的花朵也需要睡眠。睡眠是植物的一种自我保护本领，与光线的明暗、温度的高低和空气的干湿均有关系。

盛开的睡莲

植物也能像动物那样变性吗?

　　绝大部分植物都是雌雄一体的，就是一株植物体上既有雄性器官，又有雌性器官，仅有少数植物是雌雄异株。植物学家经过观察和研究，发现了印度天南星这种典型的变性植物，它一生中可以多次变性。有时，雌株开花结果后因消耗了大量能量，就于第二年变成小体型的雄株，等到休养生息恢复状态后又变成雌株，继续开花结果。其中，有些没有足够的能力重新变回雌株的，就只好暂时为中性。

植物也有胎生的吗?

　　胎生是哺乳动物最明显的特征之一，当胎儿在母体中发育完全后，生下来的幼小个体就能独立生活了。植物也有胎生的，就是植物的种子成熟后并不掉落，而是直接在母树上发芽，长成了根、茎、叶俱全的幼树后，才落地继续生长。生活在水边的红树科植物是少数能够胎生的植物之一，它们胎生的习性跟生长环境有关，因为泥泞的沼泽不利于种子发芽。

▲ 小红树

NI BU KE BU ZHI DE
SHI WAN GE SHENG MING ZHI MI
·学生探索书系·

植物的根、茎之谜

为什么说根是植物的命脉？

　　根长在植物体的最下方，是植物最重要的器官，不但能起到固定植株以及吸收水分和无机盐的作用，有的还具备储藏和繁殖的功能。此外，根系还有合成和转化有机物的能力，可以改善土壤的结构，为植物的生长创造更好的土壤环境。可以说缺少根，植物几乎无法存活。

所有的植物都有根吗？

　　自然界所拥有的 50 多万种植物中，只有 20 多万种高等植物才具有真正的根，其余近 30 万种低等植物都是没有根的，它们还没有进化到具有根这个器官的水平。有些低等植物有根的外形，但不具有根的构造，充其量只能称其为假根。

植物的根为什么有粗有细？

一株植物的根有许多分支，它们构成一个根系，其中比较粗大的是主根，主根上面细小的分支就是侧根。不同植物的根，它们的根系特点也不一样。直根系的植物，主根和侧根明显，粗细分明，如大豆、棉花、油菜的根；须根系的植物主根不发达，和侧根没有明显的区别，看起来就像胡须一般细弱，如玉米、小麦的根。

植物的根为什么是奇形怪状的？

为了适应生存环境，植物在发展过程中形成了许多奇形怪状的变态根。例如，红树的根有一部分垂直向上生长，成为呼吸根；菟丝子的根可以攀缘在其他植物体上，吸收养料和水分，成为寄生根；萝卜、甘薯都有粗大的储藏根；浮萍生有长在水中的水生根；常春藤、吊兰等生有露出地面的气生根。

NI BU KE BU ZHI DE
SHI WAN GE SHENG MING ZHI MI
◆学生探索书系

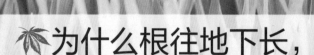

为什么根往地下长，茎却往上长？

　　地里的种子都是横七竖八地躺着，但生长出来的植株都是根朝下、茎朝上的，这叫植物的向性运动。植物的茎总是向上生长，以便得到阳光来进行光合作用，而根又总是向下生长，以便得到水和肥料。至于造成这一现象的原因，目前还没有定论，有的认为是生长素分布不均匀造成的，有的说是重力决定的，等等。但不论怎样，这都算是植物适应环境的一种生存技巧。

有没有朝上生长的根？

　　通常，根是隐藏在地面以下向下生长的，但这并不是绝对的，也有些植物的根不长在地下，而是长在空气中，甚至向上生长。例如，有些生长在沼泽地里的树木，根会向上伸出淤泥，这是一种特别的呼吸根，它能适应淤泥里缺少氧气的环境条件。

榕树的根为什么是悬空垂下来的？

　　榕树不但枝繁叶茂，而且能由树枝上向下生出根。这些根有的悬挂在半空中，从空气中吸收水分和养料，叫气生根。多数气生根直达地面，扎入土中，起着吸收养分和支持树枝的作用。另外，气生根还能够支撑不断往外扩展的树枝，使树冠扩大。有了这样有利的条件，榕树才会长得如此繁茂，一株树就好像一片树林。

常言道"独木不成林"，不过自然界唯有榕树能够"独木成林"。榕树高达30米，可向四面无限伸展，那些气生根和枝干交织在一起，形似稠密的丛林。

为什么沙生植物的根很长？

　　沙漠环境干旱，风沙大，沙生植物把根扎得深，一方面可以抵御风沙的侵袭，另一方面也是为了能吸收到深层沙地里积留着的少许水，因此沙生植物的根系特别发达，主根长得特别长。

为什么把植物的茎称为"养料运输管"？

无论什么植物，它们的茎都同人的脊椎一样，负责把各个部分连成一个整体。根从土壤中吸上来的水和无机盐，都要靠茎才能输送到叶片中进行加工。叶通过光合作用产生的养料，也要通过茎的运输才能送达植物的各个部分。因此，茎被形象地称为"养料运输管"。

所有植物的茎都是直立朝上生长的吗？

由于生活习性的不同，植物的茎有很多种类型，包括直立茎、攀缘茎、缠绕茎和匍匐茎等，其中有的直立生长，有的却不是。直立茎是直立向上生长的，如杨树、向日葵；攀缘茎不能直立，而是以特有的器官（茎卷须、叶卷须等）攀缘支持物上升，如葡萄；缠绕茎的茎干必须缠绕在其他物体上，这样它才能向上生长，如牵牛花；匍匐茎细长而柔弱，蔓延生长在地上，如草莓。

为什么植物的茎
大多数都是圆柱形的?

　　大多数植物的茎都是圆柱形的,这是因为横截面为圆形的柱状物体,具有最大的横向承受力。当遇到大风时,圆柱形的茎干承受能力强,再加柱体的圆滑面可以改变风向,削弱风的作用力,使枝干不易被大风吹折。

为什么树的茎比
草的茎要坚硬许多?

　　植物的茎有的坚硬,有的柔软,像树这样坚硬的茎叫木质茎,像草那样柔软的茎叫草质茎。木质茎由树皮、形成层、木质部和髓四大部分组成,其中树皮里的韧皮部与形成层和木质部构成维管束。草质茎虽然没有树皮,但也有维管束结构,只是维管束中的木质部不发达,因此茎枝柔软。

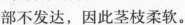

为什么树木能够不断长高、长粗？

　　树木的茎尖内有分生组织，茎内有形成层。茎尖的分生组织具有很强的分裂能力，可使茎干细胞的数目不断增加，而分裂出来的细胞体积又不断增大，将细胞壁拉长。经过这一反复过程，树木逐渐长高。树木加粗则是形成层细胞活动的结果。形成层细胞为长形，略呈纺锤状，具有进行切向和径向分裂的能力。它们经过分裂、伸长和分化，使树木加粗。

纺锤树的树干为什么那么粗大？

　　巴西高原上生活着一种瓶子树，高 30 米，中间粗大，最粗的地方直径可达 5 米，两头尖细，活像一个巨大的纺锤，因此又叫"纺锤树"。它那膨大的树干就好像是个大水桶，是贮水用的。它生活的地区有雨季和旱季之分。雨季时，它吸收大量水分，贮存在树干里，到旱季来临时供自己消耗。

　　纺锤树可以为荒漠上的旅行者提供水源。人们只要在树上挖个小孔，清新解渴的"饮料"便可源源不断地流出来，解决人们眼前的缺水之急。

 ## 树的年轮是
怎样形成的?

　　树木的横断面上有许多环形的纹理，能表示出树木的年龄，叫做年轮。年轮的形成与树干的长粗有关。在树干的韧皮部内侧，有一圈细胞生长特别活跃，分裂也极快，能够形成新的木材，被称为形成层。春夏雨季，在阳光和水分充足时，形成层活跃，形成的细胞个大、色浅；天寒雨少时，形成的细胞个小、色深。这深浅不一的圈层就构成了年轮。

树木年轮中的
一圈代表一年吗?

　　一般情况下，年轮一年只有一圈，因此可以根据树干上年轮的圈数来判断一棵树的年龄，但并不是所有植物一年只长一圈年轮，柑橘树每年就能长出三圈年轮。还有一些植物因为气候季节变化不明显，年轮也很不明显。

为什么说"树怕伤皮，不怕空心"？

树所需的水分、无机盐都是由根部吸收，通过树皮输送到树枝、树叶等部位，而由叶子通过光合作用生成的有机物，也是通过树皮运送给根部。所以树皮受伤了，便不能完成输送任务，树就会死去。而树心属于木质部，是死细胞，所以树不怕空心。

果树为什么要经常剪枝？

这是因为果树的枝条长得特别快，枝叶也比较多，如果不剪掉，太阳光就很难照射到果子，因此果子就很难长大，不容易成熟。所以，果树要勤剪枝条，才能保证果子的收获。

为什么春天的
柳枝外皮很容易剥离？

　　你有没有这样的经验：春天的柳枝很容易被剥皮，掰下一截，用手一拧，皮和枝芯就分离了，皮呈完整的圆管形被剥出来。春天，树木开始萌芽、生长，而根系早已开始大量吸水，供细胞生长之用。这时新生成的细胞含水量多，细胞壁薄弱，在皮层和木质部之间形成了一个脆弱地带，因此用手一拧，细胞便被破坏，很容易抽出木质部，出现一个皮层筒。

柳树的枝条为什么
能变成一棵大树？

　　如果将柳树的一段枝条插在土壤中，经过培育，便会生长成新的植株。原来，在柳树枝条的形成层和髓组织中有许多分裂能力很强的细胞，它们在适宜的环境中能迅速分裂繁殖，生长出根和叶，然后慢慢长成一棵大树。

百合是一种多年生草本植物。

怎样识别多年生草本植物的年龄？

多年生草本植物的根一般比较粗壮，有的还长着块根、块茎、球茎、鳞茎等。冬天，地面上的部分枯萎了，地下部分就安静地休眠，到第二年气候转暖时，又开始发芽生长。这样一年年生长，地下的根或茎会渐渐肥大起来，有时还会分枝，这就给我们提供了识别它们年龄的依据。我们可以从地下部分分枝的多少，茎或根的大小、长短、粗细，来推测它们的年龄。

树干的下半部分为什么要刷成白色？

人们用石灰把树的下半部分刷成白色，既不是为了好看，也不是用于为树保暖的，而是出于保护树的目的。石灰具有杀虫、防虫的作用，可以有效地杀死树皮褶皱处的虫卵，并阻止部分蛆虫往树上爬。现在，人们已采用新法，在树干中部缠上一圈塑料薄膜，这样耐久且防虫性能更好。

竹子的茎为什么长得那么快？

在植物中，竹子的生长速度堪称冠军，像有些竹子的茎每天可长 40 厘米。竹子之所以长得这么快，是因为它的茎是空心的，而且茎的许多部分都有分生组织，能同时生长，而其他植物几乎都是只有顶端才有分生组织，只能从顶部向上生长，因此长得不快。

为什么有些植物的茎是空心的？

像小麦、水稻、竹子、芦苇、芹菜的茎，中间都是空心的，这是进化造成的。因为这些植物茎中的髓萎缩消失后，更多的养料被用来建造厚壁组织和维管束部分，将这些部分建造得更加坚固，使植株不易折断或倒伏。另外，像水生植物的茎也是空心的，那是为了通气。

芹菜的茎

土豆是根还是茎?

有些植物的茎除了地上部分外,还有一部分长在了地下,这些地下茎的外形和功能也发生了显著的变化。像我们平时吃的土豆是从地下挖出来的,其实它们并不是根,而是地地道道的茎。这种茎里面储藏了丰富的养料,因此被称为"块茎"。

为什么藕切断后还有藕丝?

我们常吃的藕是荷花等水生植物的根状茎,它的结构特殊,内部的运输组织是螺旋状的。我们称螺旋状排列的运输组织为环状管壁,这种结构和拉力器上的弹簧很相似。当莲藕折断时,那些呈螺旋状的导管并没有真正折断,而是像弹簧一样被拉长,形成了许多丝状的物质,因此出现了"藕断丝连"的现象。

植物的叶子都有哪些形状?

因种类不同，植物叶子的形态也不同。通常，植物的叶子是由叶片、叶柄和叶托构成的。完整的含有叶片、叶柄和叶托的叶子称完全叶。有些植物的叶子没有叶柄，有些植物的叶子没有叶托，也有个别植物没有叶片。常见的叶片形态有扇形、条形、心形、倒卵形、掌状、羽状、针状等。

103

植物有变态根，那么有变态叶吗?

植物有变态根和变态茎，当然也有变态叶。变态叶的形态和功能与正常的叶子不同，例如，仙人掌的针状叶可以减少水分的蒸发，有利于它在沙漠中生活；豌豆的卷须叶可以帮助它攀缘在别的物体上，有利于它向上生长。

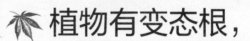

叶子的正背面颜色
深浅为什么不同？

　　随手拾起一片叶子，你会发现叶子正反面的颜色不一样，正面为深绿，背面为浅绿。原来，每片叶子的上面和下面都有一层透明表皮，在上下表皮中间的部分有叶肉，叶肉里有许多叶绿素。叶子正面接受阳光照射多，叶肉细胞排得很密，含的叶绿素也就多，而叶子背面接受阳光照射少，细胞排列较松散，空隙又大，细胞里的叶绿素含量又少，所以叶子的正背面颜色深浅不同。

为什么有些植物的叶子是红色的?

有些植物的叶子是红色的,如盆栽的秋海棠和山野的天麻。原来,这是因为这些植物的叶片中除了含有叶绿素外,还含有类胡萝卜素(包括胡萝卜素和叶黄素)或藻红素等。秋天时,枫树的叶子也会变红,这是因为秋后叶片中过多的葡萄糖转化为花青素,才使叶子变红的。

为什么多数植物刚长出的 嫩芽、新叶大多都是红色的?

许许多多的树木和花草在披上绿袍之前,长出的嫩芽、新叶多少都带有红色。这是因为植物的叶绿素并不是和枝芽萌发同时发生的,它往往要比植物生枝发芽来得迟。这些嫩芽和新叶如同初生的婴儿离不开乳汁一般,要靠植物体内其他部分供给的养料生长一段时间,等叶绿素产生后才开始自给自足制造养料。至于为什么是红色的,是因为植株体内的花青素在叶绿素没形成前就已经存在了,它使嫩芽、新叶显出红色。

为什么树叶到了秋天会变黄？

树叶中含有多种色素，如叶绿素、叶黄素、胡萝卜素等。平时，树叶中的叶绿素含量最多，绿色最浓重，因而把其他色素的颜色遮住了，叶片看上去呈绿色。到了秋天，叶绿素逐渐被破坏，叶黄素开始占主导地位，树叶看上去就变成黄色的啦！

秋天树叶为什么会大量脱落？

当秋天日照时间逐渐缩短、寒意逐渐逼近后，树木为了减少叶片的蒸腾作用，降低养分的消耗，便采用落叶的方式来应对即将到来的严冬。这时，叶柄基部就形成了几层很脆弱的薄壁细胞。由于这些细胞很容易互相分离，所以叫做离层。离层形成以后，稍有微风吹动便会断裂，于是树叶就飘落下来了。

落叶为什么多是背面朝上?

植物的落叶大多数是叶背朝上,叶面朝下,这并不是秋风玩的把戏,而是由叶子内部特殊的结构造成的。大多数植物的叶子因为正背面照射到的阳光有显著差别,从而导致靠近叶面的细胞呈长方形,排列规则,密度较大,称栅栏组织;靠近叶背的细胞呈不规则的块状,密度较小,称海绵组织。因为叶面的密度比叶背的大,所以当树叶飘落时,叶背就会朝上。

为什么绝大多数 松柏在秋冬时节不落叶?

秋冬时节,气候寒冷干燥,土壤里的水分减少,此时植物的根吸水能力也变差了,所以入秋后,树木都纷纷落叶,以减少树木中水分的消耗。而松柏中,除了落叶松等个别品种外,绝大多数都不落叶。这主要是因为松柏的叶子非常细小,消耗不了多少水分,所以不必脱落。

NI BU KE BU ZHI DE
SHI WAN GE SHENG MING ZHI MI
·学生探索书系·

只有绿叶才能

进行光合作用吗？

有些植物的叶子虽然是红色或黄色的，但也能进行光合作用，因为它们的叶子里也含有叶绿素，只不过由于花青素含量过多，盖住了叶绿素的绿色。像许多生长在海底的植物，如海带、紫菜等，常是褐色或红色的，其实它们也含有叶绿素，只不过绿色被另一种色素——藻褐素或藻红素的颜色给盖住了。由于存在叶绿素，它们也能进行光合作用。

 ## 叶子也能吸收肥料吗？

我们都知道植物的根能吸收肥料，其实叶子也能吸收肥料，只不过吸收方式与根的不同。叶子的表面有一个特别的组织，叫气孔，洒在叶子上的肥料就通过这些气孔进到叶子体内，在各个细胞之间运转。

王莲的叶子为什么能够承受住很大的重量？

王莲的叶子很特别，中间平铺在水面上，边缘向上卷曲，就像一个大水盆。它的正面光滑呈淡绿色；背面是土红色，布满了中空而结实的粗壮叶脉，使叶子有很大的浮力。最大的王莲叶子直径可达 4 米，即使一个小孩在上面玩耍，也不会沉没。

凤眼莲的叶柄为什么膨着？

凤眼莲又叫水葫芦、水浮莲，浮在水面上生长。它的叶片很宽大，叶柄特别膨大，好像葫芦一样鼓着，这其实是个储气的气囊。膨大的气囊内部充满空气，因而可以使植株漂浮于水面上。

光棍树不长叶子吗?

有一种不长叶子的树,枝条光溜溜的,好像一根根小棍子,因此被称为光棍树,学名叫绿玉树。它其实也是有叶子的,只是非常小,而且脱落得又很快,所以不容易被人们看到。光棍树大部分时间都没有叶子,因此只能靠含有叶绿素的绿枝条进行光合作用,制造养料。

光棍树的树液有毒,能刺激皮肤,刺激眼睛,可致暂时失明,也有致泻作用。

为什么沙生植物大多不长叶子?

原来,沙漠里既干旱又炎热,一年到头也难得下几场雨。一般植物都用绿色的叶子进行光合作用,而在这样的环境中,很多沙生植物因为叶子退化,只好靠绿色的枝条来进行光合作用,如梭梭、花棒等。

所有的植物都开花吗？

　　自然界不开花的植物有很多，它们被称为隐花植物，包括藻类、苔藓、蕨类等低等植物以及以针叶树为主的裸子植物，多采用孢子繁殖的方式。被子植物才是真正的开花植物，又被称为显花植物，开出的花其实是些变态的枝条。一朵完全的花是由花托、花冠、雄蕊和雌蕊组成的。

为什么花有不同的颜色？

　　花朵之所以五彩缤纷，主要归功于其中所含的花青素和胡萝卜素这两位功臣。花青素在温度或酸碱度的影响下极易变色，能使花朵在红、蓝、紫色之间变化；胡萝卜素则能使花朵的颜色在黄、橙、红色之间变化。

为什么高山植物的花朵特别鲜艳?

高山植物的花朵格外鲜艳,这同它们的生存环境有着密切的联系。因为高山上的阳光中紫外线特别强烈,能够破坏植物细胞中的染色体。为了适应环境,那里的植物便产生了大量的胡萝卜素和花青素,来吸收紫外线。胡萝卜素和花青素的大量增加,便使花朵更加鲜艳美丽了。

为什么黑色的花特别稀少?

世界上根本没有纯黑色的花,平常人们所说的黑颜色的花,不过是深紫色的。即便这样,它们也很稀少,原因是黑色花因为颜色太暗,很难引起昆虫的注意,再加上黑色吸热,很容易被太阳光灼伤,因此长期以来,它们之中的大多数都被淘汰了,种类显得极其稀少。

花朵为什么带有香味？

花朵之所以散发出香味，主要是因为其中所含的油细胞能分泌出带有香味的芳香油。这些芳香油极易挥发，尤其在花朵被太阳晒热之后，更是芬芳四溢。另外，虽然有些花朵没有油细胞，但它们在新陈代谢的过程中会产生芳香油。还有一些花朵里含有配糖体，它被分解时也会散发出香味。

为什么色彩艳丽的花常常没有香气？

对于植物来说，开花就是为了结果，然而要想结果就要吸引昆虫前来帮忙传播花粉，所以色彩和气味都是植物引诱昆虫的手段。昆虫对花也是有选择性的，有些昆虫只对花的颜色感兴趣，以此来判断是否采蜜；有些昆虫嗅觉很好，只关注花的香味，不在意花色。因此，对于植物来说，只需拥有一样就足以吸引昆虫前来了，所以艳丽的花大多没有香气。

NI BU KE BU ZHI DE
SHI WAN GE SHENG MING ZHI MI

花也有性别吗?

花是被子植物繁衍后代的生殖器官。大多数植物的花同时具有雄蕊和雌蕊,是两性花,这在植物学上叫雌雄同株;还有一些植物只开一种性别的花,这样的植物就是雌雄异株的植物。因此说,花也是有性别的。

花与花之间"结婚"

都有哪些形式?

花和人一样都要通过两性结合来繁殖后代,也就是指成熟的花粉从雄蕊的花药传到雌蕊的柱头上的过程,称"传粉"。花粉不传播,种子是不会形成的。花粉落到同一朵花的柱头上叫自花传粉;花粉从一朵花落到另一朵花的柱头上叫异花传粉。植物异花传粉需要依靠外界的力量,有的以风为媒,有的以昆虫为媒,也有的以水为媒。

夜来香为什么在晚上放香?

夜来香的老家在亚洲热带地区,那里白天气温高,飞虫很少出来活动,到了傍晚和夜间,气温降低,许多飞虫出来觅食。这时,夜来香便散发出浓烈的香味,引诱飞虫前来传播花粉。经过世世代代环境因素的影响,夜来香形成了总是在晚上发出香味的习性。

为什么牵牛花在早晨开放?

清晨,阳光不强烈,牵牛花体内的水分充足,鲜艳的牵牛花就绽放了。可是由于它的花冠大而薄,在受到阳光照射时,水分蒸发得快,根又来不及吸收水分,所以它常常在中午以后又闭合了。

115

昙花开花的时间为什么很短?

昙花属于热带沙漠地区的旱生性植物,世世代代都生活在热带。为了对抗干旱、炎热的环境,昙花具有夜间开花、开花后很快凋谢的特性,这样做是为了保护娇嫩的花朵不受伤害。

昙花绽放的过程

为什么腊梅总在冬天开花?

各种植物开花、长叶需要不同的温度,所以有的植物先开花后长叶,有的植物先长叶后开花,有的植物花芽和叶芽的生长温度要求相同,就会花叶并举。梅花的花芽需要的温度低,所以梅花选择在严冬先开花,到春天再长叶。

铁树真的千年才能开花吗？

在民间，人们常说"千年铁树开了花"，这难道是真的吗？其实，这只是比喻铁树开花较难，或形容现实生活中罕见的事情。通常，铁树的树龄可达 200 年，10 年以上的铁树在良好的条件下就能经常开花。我国北方的环境、气候不太适宜铁树生长，所以铁树很难开花。在南方，雨水充足，气候温暖，铁树每年都可以开花。

为什么说向日葵的 "笑脸"不是"一朵花"？

有些植物的长茎上只长一朵花，也有些植物具有许多簇生的花朵，被称为"花序"。其实，每个向日葵的"笑脸"并不只是一朵花，而是由许许多多的小花组成的，这叫做头状花序。花序还有其他不同的种类，例如：葱的花序叫伞状花序，水稻和丁香的花序叫圆锥花序，紫藤和百合的花序叫总状花序，马鞭草和柳树的花序叫穗状花序。

为什么竹子一生只能开一次花？

　　大多数多年生的植物，每年都可以开花结果，而竹子却是个例外。竹子在一般情况下不开花，但遇上反常的气候就会开花结果，以产生生命力更强的后代，来适应新的环境。竹子开花结果后，枝叶枯黄，养分消耗殆尽，生命便终止了。

大部分竹子在整个生长过程中只开一次花，而且有一定周期，从 40 年到 80 年不等。竹子开花后枝叶枯黄，成片死去。地下茎也逐渐变黑，失去萌发力。

为什么大王花奇臭无比？

　　生活在印度尼西亚热带森林中的大王花是世界上最大的花，直径可达 1.4 米。它既没有根和茎，也没有叶，靠寄生生活。它一生只开一朵花，花期 4 天左右。花朵刚开时倒还有点香味，以后就臭不可闻了。大王花靠这种恶臭来引诱昆虫，特别是那些爱吃腐烂食物的蝇类和甲虫前来传播花粉，好实现传宗接代的目的。

植物结果一定要开花吗？

果实是一定要开花受粉后才可以形成的，这属于有性繁殖，而大量的无性繁殖植物没有果实，也是可以传宗接代的，如藻类、苔藓、蕨类植物靠孢子繁殖，块茎类等植物利用地下茎所生出的新芽来繁殖。

所有植物的果实

都是长在地上吗？

花与花"结婚"之后便会有自己的孩子——果实。果实可分为干果和肉果两种。干果的果皮又干又硬，如栗子、向日葵；肉果的果皮肥厚多汁，如苹果、桃等。不是所有的果实都长在地上，花生就是长在地下的干果。花生的花有两种，长在分枝顶端的只开花不结果，长在分枝下面的花开放以后会钻进土里，结出果实。因此，人们又叫它"落花生"。

119

果实成熟以后
为什么会掉下来？

为了繁殖后代，当果实成熟时，果柄上的细胞就开始衰老，在果柄与树枝相连的地方形成一层所谓的"离层"。离层如一道屏障，隔断果树对果实的营养供应。这样，由于地心的吸引力，果实纷纷落地，准备新一轮生命的开始。

遭虫害的水果为什么熟得快？

果实成熟离不开氧化作用，氧化作用越快，果实成熟得就快。一般果实的表皮都有一层蜡质物，所以氧气不容易透进果实，氧化作用也就进行得慢，果实熟得也慢。可是当遭遇虫害后，果皮被害虫弄破了，有的甚至被害虫打出通道，氧气大量进入，果实因此加快了成熟。

🍁 为什么瓜果成熟后才好吃？

　　瓜果在没成熟的时候，含有一种果胶质，它把果肉细胞紧紧粘在一起，还有有机酸，使没成熟的瓜果有酸味，因此瓜果的肉质生硬，口感不好，并且酸溜溜的，有的还很涩。只有等到成熟后，果胶质才会变成可溶性的果胶，有机酸才能转化成糖，以及形成其他各种没有酸味的物质，这时瓜果变软，口感也十分好。

🍁 为什么成熟的果实具有香味？

　　果实在成熟期间，还在不断地进行着呼吸作用，但由于缺氧，只能进行无氧呼吸。无氧呼吸的结果就是，产生了二氧化碳和醇类。醇与果实中的各种有机酸在细胞里结合，就形成了芳香的酯类。果实成熟得越完全，芳香味的酯类就越多，芳香味就越浓厚。

NI BU KE BU ZHI DE
SHI WAN GE SHENG MING ZHI MI
学生探索书系

瓜果成熟后为什么色彩艳丽?

瓜果成熟时颜色变得非常鲜艳好看,这是因为瓜果成熟时果皮中的叶绿素被破坏而失去绿色,类胡萝卜素以及红色的花青素等色素增多,因此成熟后的瓜果变得非常好看,这样可以引诱鸟等动物来吃,以协助传播种子。

无花果原产阿拉伯南部,后传入叙利亚、土耳其等地,目前在地中海沿岸诸国栽培最盛。

无花果是没有开花就结果的吗?

大多数人都认为无花果是因为没有开花就结果而得名的。其实,无花果是有花的,只是它的花被总花托从头到脚包起来,使人无法看见而已。无花果不仅有花,而且一年还开两次花,结两次果呢! 第一次开花在春季,果实成熟在秋季;第二次开花在秋季,果实成熟在第二年的春季。

哪种树能结"面包"？

平时，我们吃的面包都是用面粉烤出来的。有趣的是，在南太平洋的一些岛屿上，生长着一种能结出"面包"的面包树。这种树的果实呈球形，大的如足球，小的似柑橘，果肉充实，营养丰富，含有大量的淀粉。当地人把面包果放在火上烘烤，烤熟后松软可口，味道跟真的面包差不多。

菠萝蜜的果实为什么都结在树干上？

一般植物的果实都是生长在枝条的顶端或果枝上，而菠萝蜜的果实却结在树干上。这是因为树木的枝条或树干上原本有很多枝芽、叶芽、花芽，但由于种种条件的限制，它们得不到进一步的发育，都变成了隐芽。菠萝蜜的树干上就有许多花芽，在热带高温潮湿的气候条件下，这些花芽可以充分生长，开花结果，因此果实都分布在树干上。

为什么果树收成有大、小年之分？

果树产果时，往往今年结了很多果子的话，那么明年就不能多结果或甚至完全不结果了。这种现象在苹果、梨等果树上表现更为明显。人们把这种现象叫做果树的大、小年。一般认为，这是果树生理积累差异所致。果树在大年里结果多，养料首先要充分供给正在生长发育的果实，而枝条得不到充足的营养，也就影响了花芽的发生，决定了第二年的开花数量不多，进而导致结果量下降。

种子和果实是一种东西吗？

雌蕊受精以后，子房发育成果实，子房里的胚珠发育成种子。因此，种子和果实并不是一种东西。要想分清种子和果实，必须了解它们是由植物的哪部分发育而来的。有些植物的果实和种子很容易混淆，如我们熟悉的葵花子：平时吃掉的瓜子仁是它的种子，而吐出的皮才是它的果实。

最小的种子和最大的种子各有多大？

　　种子是植物孕育新生命的繁殖器官。全世界的种子植物共有
20 多万种，是一个非常庞大的家族。世界上最小的种子是斑叶兰
的种子，只有在显微镜下才能看清，200 万粒种子加在一起才有
1 克重；最大的种子是椰子，直径可达 20～50 厘米，重量可达
10～20 千克。

种子是怎样生长的?

当把一粒种子播种到适当的土壤里,然后给它们以适当的水分、氧气、温度,种子遇到水就会很快地吸水膨胀起来;接着,幼芽渐渐钻出种子,从芽的根部长出细小的茎,用来吸收水分;再过几天,茎就会破土而出,长出新叶。这时候,植物的幼苗就可以自己制造养料了。

种子发芽都需要阳光吗?

不同的种子发芽对光的要求并不一样,主要有三种类型:"喜光性"种子只有在光线充足的情况下才能很好地发芽,如烟草、田边草等;"厌光性"种子在黑暗中发芽良好,有光时则会受到阻碍,如洋葱、鸡冠花等;还有一类种子对光的要求很少,无论有没有光都能发芽,如向日葵、小麦等。

喜光的烟草种子

厌光的洋葱种子

🍁 萌芽的种子 也呼吸吗？

种子在萌芽时，种子各部分细胞的代谢作用加快，储存在胚乳内的有机养料在酶的催化作用下很快地分解并输送到胚细胞，胚细胞再氧化分解这些养料，以获取能量，维持生命活动的进行。所有这些活动都需要能量，而能量的产生又离不开氧气，因此种子也要呼吸，以吸入氧气。

🍁 为什么种子发芽 时总是先长出根？

种子萌发时，都是先长出根来。原来，种子一般由种皮、胚、胚乳组成，而胚是种子中唯一有生命的部分，已有初步的器官分化，包括胚芽、胚轴、胚根和子叶四部分。当水分由种孔进入种子时，胚根比其他部分先吸收到水分，生长得最早，所以种子发芽时总是根先长出来，这样也最有利于种子的成长。

为什么说植物的种子是"大力士"？

正在萌发的种子充满了活力,它破土时简直就是个"大力士"。从前,有几位医生为了研究人的头骨,想把头骨完整地分开。他们想尽了办法,用刀、锯子都无法做到。后来,有人出主意:往头骨中装满一些植物的种子,然后灌上水,让它保持一定的温度。半个月后,种子萌发,幼芽从各块头盖骨相连的缝隙中长出,帮医学家们解决了难题。

种子为什么要"睡觉"？

成熟有生命力的种子如果没有遇到水分、氧气、温度等条件适宜的情况时,便能保持一种"沉睡"的状态,不发芽,这就是种子休眠的现象。种子休眠时,新陈代谢缓慢,但仍然能保持生命力。当遇到合适的环境,它立即会生根发芽。种子休眠能减少能量的浪费,保证成活率。

种子为什么要乘风旅行？

种子成熟后要落到合适的土壤环境中，才能够生根发芽。有一些植物的种子能借助风的力量四处旅行，一般这样的种子都很轻，穿着薄薄的外衣或者伸展着"翅膀"。它们乘风飞行时自由自在的，直到找到适合生长的地方，才停止旅行驻扎下来。

哪种植物的种子有降落伞？

植物为了繁殖下一代，使出了浑身解数，像蒲公英种子虽然没有翅膀，却装备着更高级的降落伞。一阵风吹来，成熟的蒲公英种子便挣脱母亲的怀抱，像小伞兵一样腾空而起，开始了空中飞行。因为蒲公英聚集的地方，下一代没有栖息之地，所以种子就借助风力飞到遥远的地方，去找寻属于自己的天空。

椰子是怎样找到新家的?

　　椰子又重又大,既不能自己爆裂开,也不能乘风飞行。不过,由于椰树大多生活在海边,椰子成熟后便会掉到海边的沙滩上,海水涨潮时将椰子带到海里。椰子的外皮很坚固,能随着海浪漂到很远的地方,甚至漂到异国他乡。遇到适合的海滩,它便会安家落户,长成高大的椰树。

杨树是怎样传播种子的?

　　杨树是一种生长得比较高大的落叶乔木。杨树在早春时就开花了,花开败以后会长出果实。果实里面的种子上长有细长的白毛,种子因此能随风飘扬。种子被风吹落到哪里,就会在哪里生根发芽。

喷瓜是怎样传播种子的?

　　生长于非洲北部和欧洲南部的喷瓜,当果实成熟后,果实里充满黏性浆汁,浆汁里包含很多种子。由于浆汁不断在果实内部对果皮产生强大的压力,当果柄熟到撑不住而脱落时,从果柄脱落的开口处马上喷射出浆汁,连带种子一起喷出去,如同小火山喷发,射程可达 5 米远。喷瓜就靠这个办法来传播种子。

哪种植物的种子会"射击"?

　　一些植物不用借助外力,便能让自己的种子找到合适的地方生根发芽。我们常见的豆荚,当它成熟后,干燥而坚硬的果皮在似火骄阳的烘烤下,常常"啪"的一声爆裂,种子就会像飞出枪膛的子弹,被弹射到远处。所以,大豆、油菜、芝麻等经济作物成熟后一定要及时收获,不然种子就会散布田间,使人们遭受经济损失。

苍耳的种子是如何搭上免费旅行车的?

苍耳植株的果实都长满了刺,每根刺都像一个鱼钩,等待着猎物送上门来。当人或动物碰触到它们的果实的时候,果实便毫不犹豫地脱离了母体,附着在这些免费的旅行车上面。如果幸运的话,它们将被带到很远的地方,在那里开始新的生活。

苍耳全株有毒,幼芽和果实的毒性最大,茎叶中都含有对神经及肌肉有毒的物质。

仙人掌为什么要裂开果肉引诱动物来吃?

有一些植物为了传播种子,采取主动引诱动物上门的办法。墨西哥有一种仙人掌成熟时,便会裂开紫红色的果肉引诱动物。当地有一种小型的长鼻蝙蝠,看到诱人的果肉便来品尝。仙人掌的果肉被蝙蝠消化掉,但种子却随着蝙蝠的排泄物排出,随处安家,茁壮成长。

香蕉真的没有种子吗？

我们现在吃的香蕉之所以没有种子，是因为它是经过长期的人工选择和培育后改良过来的。原来的野生香蕉中有一粒粒很硬的种子，吃起来极为不便。人们通过长期的培育和选择，使野生香蕉发生了变异，果实中没有种子了。现在，我们看到香蕉里有一些小黑点，那就是种子退化后留下的残迹。

无籽西瓜是用种子种出来的吗？

无籽西瓜是用种子种出来的，但种子不是无籽西瓜的，而是二倍体西瓜（正常的有籽西瓜）跟经过诱变产生的四倍体西瓜杂交后形成的三倍体西瓜的。生物的精子和卵子都是单倍体，即只有一组染色体；正常情况下的体细胞是双倍体，即有两组染色体；三倍体植物的体细胞里有三组染色体，会导致种子不育，所以三倍体西瓜也就不产生籽。

植物的生长之谜

为什么树木在冬季长得很慢?

一般，树木在春夏时节长得很快，到了冬季就不怎么生长了。北方冬季的温度可达到 -30℃，树木为了度过寒冷的冬天，便把储存下来的淀粉转化成糖或脂肪，保护细胞不被冻坏。树木把大部分的能量都用于防寒，没有多余的能量用来生长，因此在冬季长得很慢。

为什么草原上不长大树?

树木生长需要两个条件：一是要有一定深度的土层，使树能扎下根系，以吸收土壤中的水分和养料；二是要有足够的水分。草原的特点就是土层薄，土层中的含水量不大，再加上气候变化无常，土层中的水分很容易丧失，因此草原上无法生长大树。

为什么说"野草烧不尽"?

野草燃烧时只烧掉草的茎和叶，根仍留在土壤中，不会受到影响，春天来了照样能重新发芽生长。野草燃烧后化成的灰中，含有丰富的营养元素，它们会随着雨水渗到土壤里。春草萌发时刚好可以利用这些肥料，因此烧过的野草会长得更茂盛。

竹子的地下茎上生有芽，部分芽会发育成为竹笋，长成新的竹子，从而实现了繁殖。

春笋为什么在雨后长得特别快?

笋是竹子刚从土里长出的嫩芽，有冬笋和春笋之分。冬笋长在竹子的地下茎上，外面包着尖硬的笋壳。到了春天，温度上升，笋壳里的芽向上生长，就变成春笋。春笋生长需要很多水分。雨水一大，春笋喝足了水分，便从土里拱出地面，能迅速长高一大截。

水稻不是水生植物
为什么要种在水里？

水稻虽然生活在浅水中，但并不是水生植物。农民往稻田中注入水，是为了让水稻更好地生长：一方面让它们得到充足的水分，另一方面还可保持它们生活环境温度的稳定。

为什么冬小麦不能春播？

在气候不太寒冷的北方，秋季都会播种冬小麦，如果改为春播，那么小麦会在整个夏季光生长而不开花，或开花太晚，造成减产，甚至绝收。原来，冬小麦在开花前需要经过一定时间的低温生长，其花蕾组织才能分化出来，这叫"春化"现象，而春播满足不了这种要求，因此不能进行春播。

韭菜割了以后为什么还能再生长?

韭菜是我国特有的蔬菜，只要条件允许，一年四季都可以吃到它。韭菜割了以后很快会长出新的来，这是因为韭菜的茎中储存了大量的营养，并且它的叶子生长得特别快，所以即使割掉了茎叶，它也会依靠之前储存的营养迅速地长起来。

为什么高粱既抗旱又抗涝?

高粱的根系发达，即使在干旱时也能吸收到足够的水分。它的叶面由光滑的蜡质覆盖，茎秆外部由厚壁细胞组成，也附有蜡质，均能减少水分的消耗。另外，高粱在旱季还能进入休眠状态，增强了抗旱能力。另一方面，高粱的茎秆又高又硬，可防止水分淹没植株，因此能抗涝。

NI BU KE BU ZHI DE
SHI WAN GE SHENG MING ZHI MI
·学生探索书系·

植物界也有"寄生虫"吗？

不含叶绿素或只含很少、不能自制养分的植物，约占世界上全部植物种类的十分之一。它们之中的大多数是寄生植物，号称植物界里的"寄生虫"。寄生植物依附在绿色植物身上，从它们那里获取生长所需的全部或大部分养分和水分，被寄生的绿色植物则逐渐枯竭死亡。

菟丝子是怎样

与寄主亲密接触的？

菟丝子是最常见的寄生植物，它的茎呈丝状，又细又软，上面生有很多吸盘。菟丝子幼苗刚钻出地面，便开始寻找合适的寄主，一旦碰到豆科或菊科等植物的茎后，便立即顺着它们的茎向上爬，将小吸盘一个个地伸入到寄主茎内，吸取里面的养分。菟丝子就是靠这种方式来和寄主亲密接触的。

无花果是如何杀死其他植物的?

在热带雨林中,有一种非常残酷的生存竞争现象——绞杀。绞杀植物能够利用寄主的枝干攀升,同其抢夺营养,最终将其杀死,而自己成为新的大树。无花果就是致命的绞杀者,它的幼苗在树上萌芽,根系向下伸出。慢慢地,无花果在地面扎根,长出缠绕的网状茎,将寄主覆盖。它剥夺了寄主的阳光、养料,越长越茂盛,而寄主却逐渐腐烂,最终死去。

🍁 无花果树

🍁 为什么给檀香树
"择友"要慎重?

檀香树是一种半寄生植物,不仅需要利用根直接从土壤中吸收营养,还要靠吸器吸附在寄主的根上,吸收现成的营养。檀香树对寄主的选择很严格,它很喜欢洋金凤、木棉、南洋楹等,但如果要让它跟油茶、肉桂、芒果等做朋友,那么它就会逐渐枯萎,甚至死亡。

NI BU KE BU ZHI DE
SHI WAN GE SHENG MING ZHI MI
学生探索书系

为什么有些植物能长在空中？

我们常见的植物都是长在地上，以土壤为支持进行生长的，但是有一类植物不依靠土壤支持，而是依附在岩石、树木等物体上生长的，这种现象叫附生。附生植物多出现在热带、亚热带地区温热、潮湿的密林中，由于生长在地面上不易接触到阳光，久而久之它们便形成了生长在空中的奇特习性。

植物之间也有"仇家"吗？

有些植物之间就好似有"血海深仇"，彼此会水火不容，这就是植物的相克现象。例如，卷心菜与芥菜、芹菜是"仇敌"，相处必会两败俱伤；水仙与铃兰若是长在一起，则会"同归于尽"；核桃树分泌的核桃醌会伤害相邻的苹果、番茄、马铃薯、甘蓝和芹菜；黄瓜与番茄、荞麦与番茄、荞麦与玉米、高粱与芝麻、洋葱与菜豆、芜菁与番茄、苹果与玉米都是冤家对头。

水仙和铃兰各自放出的香气，对对方来说都是毒气。

为什么说莴苣喜欢"助人为乐"？

虽然有些植物经常伤害别人，但有些却喜欢助人为乐。卷心菜经常受到菜青虫的骚扰和袭击，因此每到收获时它们都已经千疮百孔了。为了让卷心菜能茁壮成长，人们便在它们附近种上一些莴苣。因为莴苣能散发出一种刺激性的苦味，会使菜粉蝶不敢接近，所以这等于无意中帮助了卷心菜，使它不再受菜青虫的骚扰。

为什么说大豆和玉米
是一对亲密的朋友？

有些植物生活在一起能够互相帮助，互相促进。如果将玉米和大豆种在一起，就会得到这种效果。大豆的幼苗怕晒，高高的玉米苗能够帮它遮挡阳光；而大豆也知恩图报，不断地用自己的根瘤菌制造出氮肥，让玉米获得更加丰富的营养。因此，人们都说大豆和玉米是一对亲密的朋友。

为什么热带雨林中的

植物长得很茂盛？

　　热带雨林是指生活在热带高温多雨地区的植物群落，主要分布在亚洲、非洲和南美洲。我国的热带雨林主要分布在海南岛、台湾南部和云南南部。因为这些地区常年高温多雨，因此植物生长繁茂，一年四季开花结果，呈现出四季皆绿的景象。

热带雨林中为什么有

独特的"板根现象"？

　　在热带雨林中，土壤中的水分经常处于近饱和状态，植物不需要向下扎根太深就可得到足够的养分。另一方面，高密度的植物使得它们尽力向高处生长，以争夺阳光。这些因素造成了植物的"头重脚轻"。所以，一些高大乔木的树干便从近地面的部分开始，向四周生长状如翅膀的板状根。这些根成为高大乔木的附加支撑结构，被称为"板根"。"板根现象"则成了热带雨林植物的重要特征之一。

雪莲为什么不畏冰雪严寒?

雪莲在长期和冰雪环境的斗争中，练就了一套出色的抗寒本领。它的身高很矮，好像贴在地面上生长，能抵抗高山上的狂风；根粗壮而坚韧，能扎根于冰碛陡岩的乱石缝中，吸收足够的水分和养料，也不易折断；全身有层厚厚的白色绒毛，就像穿上了"毛皮大衣"，既能保温抗寒，又能保湿，还能反射紫外线。这些特点使雪莲能够适应寒冷、荒凉的高山环境。

高山植物为什么都很矮小?

高山植物是指生活在高原或高山上的植物。这些地区地势高，温度低，风力强劲，阳光中的紫外线强烈，因此这里的植物茎枝相对短小、粗壮，这样可以抵御强风的袭击。另外，高山植物的体内还含有大量的糖分，因此即使在零下十几摄氏度的低温下，它们也照样能够生存。

143

茶树为什么能够在酸性土壤中生长？

茶树的根部含有多种有机酸，而由这些有机酸所组成的汁液对酸的缓冲力较强，所以茶树在酸性土壤中生长并不会受到影响。另外，茶树的根部有的地方膨胀肿大，里面生长着一种叫"菌根菌"的微生物。想要茶树长得好，必须使菌根菌长得好，而菌根菌最适宜在酸性土壤中生长了。

椰树为什么大都长在海边？

椰树是热带植物，它们有一个共同的特点，就是几乎都生长在海边，因此会成为热带海滨最具有代表性的风光。原来，这一生活环境的选定与种子的传播途径有关。包着椰树种子的果实——椰果很轻，会漂浮在海上，它们一旦被海浪冲到合适的海滩上，便会生根发芽，因此椰树几乎都长在海边。

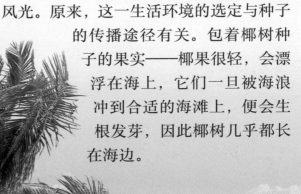

为什么山上松树特别多？

　　山地常受雨水冲刷，土壤流失严重，水土很难保持，对植物来说不适宜生存，但松树能顽强地活下来。这是因为松树的根长得很长，可以扎到深处吸收到贫瘠土壤里的养分。而且，它的叶子是针形的，比一般树的叶片小，一方面可以减少水分的蒸腾，利于存住水；另一方面，这样的叶子抗风，不怕山上的大风。所以，松树能在山上越长越大，越长越多。

为什么胡杨能生长在盐碱地上？

　　对于绝大多数陆生植物来说，土壤含盐量超 0.6% 就不能生存，然而胡杨却具有非凡的耐盐碱能力，当土壤可溶性盐含量在 2% 左右时仍能正常生长。随土壤溶液一起进到胡杨体内的盐分，一部分被转化为无害的物质储存或被利用，另一部分一时难以转化，就通过树干上的树皮裂口或伤口随树液一起排出体外，这就是人们常说的"胡杨泪"。

松树为什么会流松脂?

原来,松树的根、茎、叶中有很多细小的通道,里面储存了大量的松脂。一旦松树受到伤害,松脂就从管道里流出来,将伤口封闭。松脂还可以杀死空气中的病菌,使树木少生病。

刚流出的松脂是无色透明的油状液体,暴露在空气中后随着萜烃化合物的逐渐挥发而变稠,最后成为白色或黄色的固态物质——毛松香。

割橡胶为什么要在清晨?

橡胶树体内拥有丰富的胶乳,它是制造橡胶的原料。割胶时,胶乳靠着树干上的乳管及其周围薄壁细胞的膨压作用,会不断地流出来。不过,胶乳受气温的影响很大,温度太高时流出的就少,气温较低时就流得顺畅。所以,割胶工都选择在夜间至凌晨工作。

牵牛花为什么能爬竿？

牵牛花是有名的"爬竿高手"，能绕着竿向上攀爬，这是因为它会旋转运动。生长素在牵牛花体内各处分布的量并不均衡，由此使茎各部分细胞的生长速度不一样。有时一边的生长素多了，这一边就长得快；有时另一边的生长素多了，那一边就长得快。这样的生长方式使茎旋转，缠绕着竿向上爬去。

爬山虎为什么能爬满墙壁？

爬山虎爬墙的本领来自于卷须上的吸盘，就像壁虎的脚一样，只要碰到房屋的墙壁，不管墙壁表面有多光滑，吸盘都能牢牢地吸附在上面，爬满墙壁。人们利用爬山虎这一特性，在房子四周种上爬山虎，用不了几年，它就会爬满整个墙面，给房子穿上了一件绿外衣。

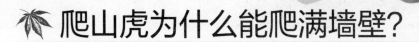

为什么说九死还魂草是"死不了"的植物？

九死还魂草的学名叫卷柏，它的奇特之处在于极耐干旱和可以"死"而复生。它的生长环境很特殊，往往长在干燥的岩石缝隙中或荒石坡上，这样一来水分供应就没保障。干旱时，它的小枝会紧紧卷曲起来保持水分，看上去就像死了一样；有雨水时，小枝重新展开继续生长。由于能不断"死"而复生，它被誉为"死不了"的植物。

由于卷柏的这种特性，因此在民间，人们又称它为还阳草、还魂草、长生草、万年青。

仙人掌为什么能生存在"不毛之地"上？

为了减少水分蒸发，仙人掌的叶子退化成针状，但仅此一点还不足以解释原因。原来，它的茎表皮上有一层厚厚的蜡质层和绒毛，能减少光照和水分的蒸发；它的根系庞大，分枝众多，可以在很大范围内找水。这些特性使它们能克服恶劣环境，顽强地生存下来。

短命菊为什么会如此短命?

短命菊生活在非洲的撒哈拉大沙漠中。沙漠里长期干旱少雨,许多植物都以退化的叶片和发达的根系来适应环境,短命菊则以迅速生长和成熟的特殊习性来应对。只要沙漠里稍微降了一点雨,它就立刻发芽、生长、开花、结果,整个生命期只有短短的三四个星期。

含羞草什么时候会"害羞"?

含羞草的叶柄基部和复叶基部都有一个膨大部分,叫做叶枕。正常情况下,叶枕细胞中充满了水分,因而膨胀,使叶枕挺立着,所以叶片舒展。而一旦受到刺激,叶枕细胞所含的水就流到细胞间隙中,于是叶枕就萎缩了,叶片随之闭合下垂。这一特性与含羞草的老家在热带美洲有关,那里常有暴风骤雨,一受刺激就收拢垂下叶片,可免遭风雨摧残。

149

为什么有些植物要吃"荤"呢？

　　动物吃植物是天经地义的事，可是植物吃"荤"却有些不可思议了。有些植物生长的环境中缺少氮和其他矿物质养料，或者无法进行光合作用，因此只能从动物体内获得。在长期的自然选择或者遗传变异中，这些植物的叶子发生了变化，成为各种各样奇妙的"捕虫器"。它们靠捕虫器捕捉昆虫和其他小动物来补充营养，维持自己的生命。

为什么把捕蝇草称为"捕虫高手"？

　　捕蝇草的叶瓣能够散发出一种特殊的气味，把昆虫引诱过来，像贝壳一样的叶瓣可以在 20 ~ 40 秒内完全闭合，将昆虫消化掉。捕蝇草捕食猎物不但迅速，还具有分辨力。如果人们用小树枝去触动它的刚毛，它便能分辨出这不是小动物，于是没有任何反应。捕蝇草的一对叶瓣大约能捕食 3 次昆虫，之后便会脱落，因此它的分辨能力能够有效地避免能量浪费，真不愧为"捕虫高手"。

猪笼草是怎样设置"温柔陷阱"的?

猪笼草的叶子很奇特:基部扁平,顶端延伸为由卷须形成的捕虫囊,囊口收缩,还有一个可开合的囊盖。囊的内壁很光滑,中底部的内壁上生有上百万个消化腺,能分泌消化液。囊口则能分泌香甜的蜜汁,布设温柔的陷阱。贪吃的昆虫在舔食蜜汁时,一不小心就会顺着光滑的内壁掉进捕虫囊。这时,囊盖会自动关闭,小虫就在里面被消化吸收了。

151

食虫植物都不会得病虫害吗?

食虫植物虽然能吃虫,但是也可能被虫吃掉。毛毡苔与茅膏菜是同一个属的植物,叶片表面密布能分泌黏液的腺毛,可以捕食昆虫,但它们也经常会出现病虫害,特别是蚜虫害。蚜虫常常躲在腺毛无法粘到的地方,吸食植株的液体,造成植物死亡。还有一种大型的毛毛虫,不但不怕毛毡苔的黏液,反而会把它的叶子吃光。

苔藓为什么能监测环境?

人们发现在植物当中,苔藓对空气污染的反应特别敏感。大多数苔藓的构造很简单,叶片一般是单层细胞,没有保护层,外界气体很容易直接侵入细胞里。只要空气中二氧化硫的浓度超过 5‰,苔藓的叶子就会变成黄色或黑褐色,几十个小时后,有的甚至会干枯死亡。苔藓可以用在监测环境污染中,时刻替人"站岗放哨",是天然的环境监测仪!

苔藓不适宜在阴暗处生长,它需要一定的散射光线或半阴环境,而且喜欢潮湿环境,特别不耐干旱及干燥。

为什么称地衣为拓荒先锋?

地衣是真菌与藻类的共生体:菌类吸收水分和无机盐供给藻类,藻类则以这些原料合成养料供给菌类。地衣这种真菌与藻类的结合体对环境有着惊人的适应性,其生长所需的物质主要来自雨露和尘埃,能适应极度干旱和贫瘠的环境。更为可贵的是,地衣能分泌一种"地衣酸",可使岩石风化成土壤。因此,在土壤形成过程中,地衣是个无名英雄,堪称是拓荒先锋。

地衣为什么能够死而复生？

　　地衣能适应各种各样的恶劣环境，身影遍布世界各个角落。有人发现，在博物馆的陈列柜里放了15年的地衣，遇到水后居然能死而复生。你不必为此感到惊讶，因为地衣拥有超级顽强的生命力：它能忍受70℃左右的高温而不死亡，在 −268℃ 的低温下几个小时仍能正常生长。

水生植物为什么不会腐烂？

　　水生植物长期浸泡在水中不会烂掉，是因为它们的根表皮是一层半透性的薄膜，可以吸收水里的氧气，使根部正常呼吸。另外，它们的茎和根一样也能呼吸，茎里面的叶绿素还能进行光合作用，制造食物。这样，水生植物既会呼吸，又能自制养料，过"正常植物"的生活，当然就不会腐烂了。

植物的功用之谜

观赏植物只能供观赏吗？

在庭院、公园、街边、室内，我们都可以看见形形色色的观赏植物。它们的种类繁多，颜色各异，把我们的生活点缀得更加绚丽多彩。其实，观赏植物不仅可用于观赏，还可食用，绿化、美化环境，有的还能净化室内空气，还有的甚至可以起到指示污染的作用呢！

为什么说君子兰不是兰花？

我们平常所说的兰花是世界闻名的花卉品种之一，在植物分类学上属于兰科。这个科的植物的主要特征是：叶子狭长且互相交换对生；花是左右对称的，花瓣美观；果实为纺锤状，里面装满极轻的种子。君子兰的名字虽然也带有一个"兰"字，但它却不属于兰科，而是石蒜科植物。

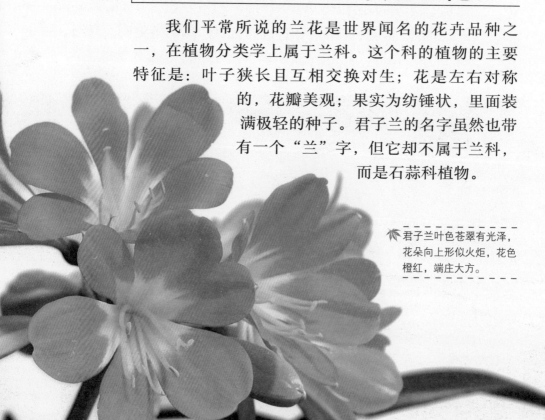

君子兰叶色苍翠有光泽，花朵向上形似火炬，花色橙红，端庄大方。

公园里的碧桃为什么只开花不结桃？

碧桃是专供观赏用的赏花植物，与开花结果的桃树不一样。结果实的桃树开的花每朵上只有 5 枚花瓣，而碧桃开的花每朵上却有 7~8 枚花瓣，有的甚至还有十几枚花瓣，因此又叫重瓣花。重瓣花里只有雄蕊没有雌蕊，或者雌蕊已经退化成一个小骨朵，不能受精，自然也就不能结果了。

为什么盆景树苍劲多姿？

盆景树都是人工培植出来的。园艺工人采挖或选种一些颇具风姿的树桩，给它们整枝修剪，精心培育，再对新抽出的嫩枝进行人工造型，也就是缠绕或弯曲处理，慢慢地，它们就长成了千姿百态、苍劲有力的盆景。

为什么植物有酸、甜、苦、涩等各种味道？

植物之所以有味道是因为植物里含有一些化学物质，正是这些化学物质使植物具有了不同的味道。有些植物含有葡萄糖、麦芽糖、果糖、蔗糖等糖类，这样的植物就呈甜味；而含醋酸、苹果酸、柠檬酸、酒石酸、琥珀酸等有机酸的植物一般呈酸味；苦味植物是因为其中含有碱；涩味则多是由鞣酸引起的。

西瓜里为什么有大量甜汁？

西瓜的原产地在非洲热带的干旱沙漠地带。在那里，鸟兽最喜欢吃甘甜多汁的果实，为了更好地传播种子，西瓜便成了这类型的果实。不过，最早的西瓜并不像现在的这般大，汁水也不如现在的这么多。现在的西瓜之所以这样好吃，完全是长期以来人类刻意选育的结果。

神秘果为什么能够改变人的味觉?

在西非的热带森林中,有一种果树能结出奇异的神秘果。这种果子的个子不大,一般长2厘米,看起来很平常,但是吃后却会产生意想不到的效果,接着无论再吃苦的橙子或者是酸的柠檬,都会感觉香甜可口。原来,神秘果中的一种物质能使舌头上主管酸、涩、苦的味蕾关闭,使人们的味觉暂时发生变化。

水果为什么可以解酒?

吃一些带酸味的水果可以解酒,这是因为水果里含有机酸,例如:苹果里含有苹果酸,柑橘里含有柠檬酸,葡萄里含有酒石酸等。而酒里的主要成分是乙醇,有机酸能与乙醇相互作用形成酯类物质,从而达到解酒的目的。

黄瓜为什么能美容、减肥？

现在很多人都把黄瓜用于美容、减肥。科学研究表明，黄瓜中含有的某些物质能够抑制糖类转化成脂肪，因此经常食用可以达到减肥的效果。另外，黄瓜中的生物活性酶具有润肤去皱的美容效果，因此常被用于生产化妆品。

菠萝为什么要蘸过盐水后才能吃？

如果吃了没蘸盐水的菠萝，有时会觉得嘴里有种麻麻的感觉。原来，菠萝的果肉里含有一种叫菠萝酶的物质，能对人的口腔表皮产生刺激作用，而食盐能抑制菠萝酶的活性。因此，吃菠萝的时候一定要记得先在盐水里浸泡一下，这样既可以防止菠萝酶对口腔的刺激，也会使菠萝的味道更加香甜。

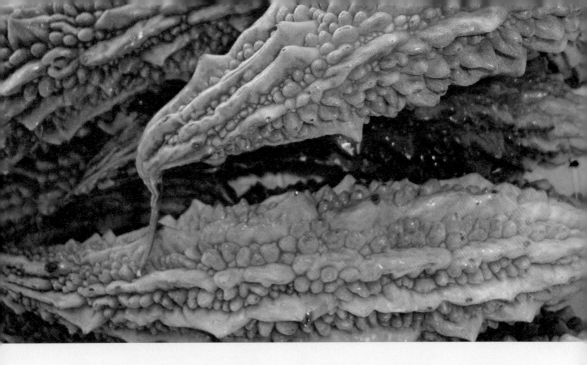

苦瓜这么苦，为什么还有人爱吃？

苦瓜虽苦，但在炎热容易厌食的夏天吃它，会大大增进食欲，因为其中所含的苦瓜皂甙和苦味素能健脾开胃。另外，苦瓜营养丰富，富含维生素，而且所含的奎宁有利尿活血、消炎退热、清心明目的功效。如果烹调得当，苦瓜的苦味并不明显，相反还会很爽口，因此有人爱吃。

159

鲜黄花菜为什么不宜直接吃？

鲜黄花菜中含有一种叫"秋水仙碱"的物质，它本身虽无毒，但经过肠胃道的吸收，在体内会氧化为"二秋水仙碱"，变得具有较大的毒性了。所以在食用鲜品时，每次不要多吃。由于鲜黄花菜的有毒成分在高温60℃时可减弱或消失，因此食用时，应先将鲜黄花菜用开水焯过，再用冷水浸泡2小时，之后再食用就安全了。

甘薯和马铃薯为什么不能放在一起贮藏？

　　这是因为甘薯和马铃薯对温度的要求差别很大，如果放在一起贮藏，彼此就会闹个你死我活。甘薯喜欢热，最适贮藏温度在 15℃以上，要是温度降到 9℃以下，就会僵心，不久就腐烂了。马铃薯却喜欢冷，最适宜在 2～4℃贮藏，要是热了，就该出芽不能食用了。因此，人们只能按它们各自的喜好，对它们进行单独贮藏。

为什么不能吃发了芽的马铃薯？

　　有些东西发了芽仍可以吃，但马铃薯却不可以。马铃薯发芽后，在芽眼周围经常会产生一种叫龙葵素的毒素，吃后能使人呕吐，甚至中毒。一般，马铃薯在采收后两三个月内不会发芽，所以最好在这个时间内食用。为防止马铃薯发芽，最好将它们储存在阴暗、干燥的地方。

哪种蔬菜被誉为"益寿之菜"？

　　胡萝卜是我们餐桌上常见的蔬菜，原产于中亚和非洲北部，直到13世纪才传入我国。胡萝卜中含有大量的胡萝卜素，它们在人体内能转化成维生素A，具有抗癌保健的作用，因此被誉为"益寿之菜"。在日本，人们更是推崇胡萝卜，甚至把它称为"人参"呢！

为什么萝卜到春天就会空心？

　　萝卜实际是地下的块根，是贮藏养分的器官，所贮藏的大量养分是为了来年春天开花时用的。因为开花需要许多养分，而春天是来不及制造的。因此一到春天，萝卜开始长叶，体内的养分会被迅速地消耗掉，糖分缺失，纤维素增多，就变得疏松，好像棉絮一样，出现了空心现象。

纺织用的棉花
是植物开的花吗?

纺织用的棉花，其实是棉花植株开花后结出的果实的一部分。棉花植株的果实成熟后便会裂开，我们肉眼便可看到像海绵一样的部分，那才是我们所熟悉的棉花，主要起保护内部种子的作用。棉花植株开的花其实是乳白色或粉红色的。

为什么把油棕称为"摇钱树"?

油棕果实的产油量很高，一般油棕亩产油量比花生高五六倍，是大豆的十倍。油棕的果实因为形态很像椰子，所以又被称为"油椰子"。油棕原来生活在热带雨林中，直到20世纪初才被人们发现和重视，现已是公认的产油量最高的植物，能带来可观的经济收入，因此被人们称为"摇钱树"。

油棕果特别有趣，总是成串地"躲藏"在坚硬且边缘有刺的叶柄里面，近似椭圆形，表皮光滑，刚长出来时是绿色或深褐色，大小如蚕豆，成熟时逐渐变成黄色或红色，比鸽卵稍大。油棕果含油量高达50%以上，有"世界油王"之称。

哪些植物能够用于制糖?

　　我们平常所吃的糖,大多是从甘蔗的茎以及甜菜的块根中提取出来的。除此之外,有些含糖分较高的植物也能制糖。例如,北美洲的糖槭树一到寒冬时节,树干中含量丰富的淀粉就会转变为糖,用来抗寒。到了春天,气温转暖,树液开始流动,若在树干上钻一个洞,就会有很甜的树液从洞里不断地流出来。近年来,我国科学工作者发现爬山虎也能产糖,它的茎中汁液的含糖量为8.5%~10.5%,比糖槭树还高,因此也叫它糖藤,但它还未被用来制糖。

NI BU KE BU ZHI DE
SHI WAN GE SHENG MING ZHI MI

·学生探索书系·

为什么采自同一茶树的
茶叶有红茶和绿茶之分？

　　茶叶之所以分红茶和绿茶，只与加工过程中的工艺存在差异有关。红茶是经过发酵制成的，新鲜茶叶经揉捻、发酵，茶叶中的叶绿素被破坏了，绿色消失，而所含的鞣酸被氧化成红色，使泡出来的茶成了红色；绿茶制作时不经过发酵，人们把新鲜茶叶放在铁锅里加热快炒，这样只把茶叶里的水分蒸发了，叶绿素并没有完全被破坏，所以成了绿茶。

喝咖啡和茶为什么能提神？

　　咖啡和茶中都含有咖啡因。咖啡因能对人的神经系统起兴奋作用，因此人喝了咖啡和茶以后，便会睡意全消，精神百倍。茶叶中还含有茶碱，它不但能直接促进心脏兴奋，还可以扩张冠状血管、末梢血管，并具有利尿的作用。但是，大量的咖啡因、茶碱能使人因神经兴奋而出现失眠、头疼、心悸等现象，因此不宜过量饮用。

为什么把人参称为"中药之王"？

人参主要产于我国吉林省的长白山一带，是名贵的中药材。野生的人参一般生长在气温低、光照长、土壤肥沃的地方，因其生长缓慢、采挖困难、疗效极高，所以非常珍贵。在中药上，人参可以大补元气，治疗久病虚脱、大出血等危重病症，因此被称为"中药之王"。

薄荷具有极强的杀菌、抗菌作用，常喝薄荷茶能预防病毒性感冒、口腔疾病，使口气清新。

165

为什么薄荷特别清凉？

薄荷的茎和叶子里含有一种挥发油——薄荷油，它的主要成分是薄荷脑，是一种芳香清凉剂，我们体会到的那种清凉感就是由薄荷脑产生的。薄荷不仅可作为消暑佳品，还是医药、食品、化妆品工业的原料，如头痛粉、清凉油、仁丹、止咳药水、润喉片等都含有从薄荷中提取的薄荷脑。

动物的特征及行为之谜

如何给动物分类?

动物是生物的一大类,它们不同于植物,不能靠光合作用来生存。它们以有机物为食物,有神经,有感觉,能运动。据估计,生物界中动物的种类可达 1000 万种以上,目前人类已知的也有 150 万种。在动物界,大致可根据动物体内有无脊椎而分为无脊椎动物和脊椎动物两大类。无脊椎动物中包括原生动物、软体动物、蠕虫、昆虫、甲壳动物等门类,数量占动物总数的 90% 以上。脊椎动物中包括鱼类、爬行类、鸟类、两栖类、哺乳类等五大门类,它们在形态和生理上都较无脊椎动物复杂。

扁平的鲽鱼

有没有一只眼的动物?

脊椎动物中的哺乳类、爬行类、两栖类和鸟类中都不存在独眼动物。但是,比目鱼(鲽、鳎、鲆三种鱼的总称。这类鱼身体扁平,眼睛长在身体一侧),如黑鲽鱼,人们起初认为它只有一只眼,后来发现它实际上有两只眼,均位于头的同一侧,其中一只眼是活动的,当需要时,就从隐蔽的眼窝中冒出来,同那只固定的眼睛配合工作。不过,某些无脊椎动物确实只有一只眼睛,比如生活在死水中的某些甲壳纲动物。

动物看东西

和人一样吗?

　　一般的动物都能准确地分辨出不同的形状，却不能分辨色彩，在它们看来，世界是灰色的。但科学家经过解剖发现，高等的灵长类动物，如猩猩、猴子、长臂猿等，眼睛的构造和人眼的相似，都有角膜、虹膜、巩膜、晶状体和视网膜等，所以它们眼中的世界很可能跟人看到的是一样的。

蜘蛛的血液中含有血蓝蛋白，而没有血红蛋白，所以血液呈血蓝蛋白的青色或蓝绿色。

动物的血都是红色的吗？

　　各类动物的血液，由于组成成分及其生理状态的差异而在颜色上也有所不同。绝大多数脊椎动物的血液是红色的，无脊椎动物的血液则有的呈蓝色，有的呈紫红色、绿色等。例如，虾、蜘蛛、乌贼等的血是青色的；星虫、多毛虫纲的一些沙蚕及腕足动物的血液在有氧状态下显紫红色，而在缺氧状态下为褐色。

所有的动物都有心脏吗？

　　几乎绝大部分的动物都有心脏。心脏与血管、血液组成的循环系统，可以帮助动物将体内生理代谢所产生的废物给移除掉。对于结构简单的原生动物来说，因为它们绝大多数都是单细胞结构，不具有组织器官的分化，所以它们没有心脏，也不存在血液循环。

为什么不同动物的
寿命长短会不同？

　　生理学家认为，动物寿命的长短取决于它们心脏跳动的频率。经研究发现，不同动物的心脏在一生中跳动的次数基本上是一样的，大约是3亿次。心脏跳动越快的动物种类，寿命将会越短；相反，心脏跳动越慢的动物种类，寿命将会越长。

鱼的生长和树木相似，有明显的季节性。夏季鱼生长得快，鳞片上就会留下较宽的环；冬季鱼生长缓慢，鳞片上就会留下窄环。数一数鳞片上的窄环和宽环，就可以推算出这条鱼的鱼龄。

动物也有年轮吗？

　　树木有年轮，可以体现自己的年纪，那么动物呢？科学家发现，动物也有年轮。例如：随着一年一年地长大，河蚌贝壳上会留下一圈圈的线条，这就是它的年轮；鱼因种类的不同，年轮生长的位置也不同，鲤鱼的年轮长在鳞片上，鳗鱼的年轮在牙齿上；龟的年轮则生长在龟甲上。

动物也会像人类一样做梦吗？

与研究人类的睡眠手段一样，科学家通过探测动物的脑电波发现：大部分爬行动物不会做梦；鸟类都会做梦，不过大多数种类只做短暂的梦；各种哺乳动物，如猫、狗、马等家畜，还有大象、老鼠、刺猬、松鼠、犰狳、蝙蝠等都会做梦，有的做梦较频繁，有的则少些；鱼类、两栖类和无脊椎动物都不会做梦。

动物为什么会有预感？

目前，科学家还不知道人类是否对未来发生的事情有某种"预感"，但可以肯定的是许多动物都具有这种能力。例如，在地震发生前，像狗、老鼠等许多动物都会有所感应，表现出心神不宁、焦虑的状态，甚至产生搬家的行为，从而避开很多自然灾难。这与动物具有不同于人类的敏锐感官有关。

为什么说动物有很强的适应性？

　　大自然的生存法则就是优胜劣汰，只有那些能适应环境变化的动物才能在生存竞争中存活下来，并得到发展。这些动物大都经历了亿万年的进化，身体构造、生理习性等都随着环境发生了相适应的改变，因此生命力才如此顽强，不被大自然所淘汰。例如，沙漠里的骆驼有克服不利环境的特殊本领：它们的脚掌很宽厚，能够在炎热的沙漠上行走而不被烫伤；它们的眼睫毛长而浓密，能保护眼睛不受风沙伤害；它们有灵敏的嗅觉，可以嗅到空气湿度变化，发现水源，而不会轻易渴死。

动物为什么要群居?

虽然老虎、熊猫等动物喜欢过独居生活,但大多数动物的生活方式却是群居。群居动物的群体或大或小,小的群体多以家庭为单位,只有几个或几十个成员;大的群体则像一个规模庞大的组织,有成千上万个成员。群居这种生活方式有利于生存、繁衍和发展,因此很多动物都选择群居。

动物间的共栖是怎么回事?

共栖就是生物学上的"偏利共生",是指不同种类的动物生活在一起,其中有一方收益较多,另一方收益较少或不收益也互不损害的现象。大多数共栖的动物之间都形成了一种互惠互利的伙伴关系,它们相辅相成,共同发展。例如,犀牛和犀牛鸟,海葵和小丑鱼,等等。

海葵与小丑鱼

动物之间沟通也用语言吗？

动物经常成群地生活在一起，它们在这个群体中通力协作，共同完成防御、取食等工作。它们也需要彼此沟通，但它们的"语言"和我们人类的不一样，它们是靠各种动作、声音、气味进行交流的。

173

海獭不仅会利用石块取食，而且还懂得把石头保存下来，反复使用。

动物也会使用工具吗？

会使用工具曾被认为是区分人与动物的特征之一，但科学家发现许多动物都能使用工具。例如，黑猩猩会使用树枝打鱼、涉水，用木棍捅白蚁窝钓白蚁吃；秃鹫会用石块把厚壳的鸵鸟蛋砸碎然后取食；海豚用海绵捕食；大象折断树枝来赶走苍蝇；海獭仰卧水中，以石块砸碎软体动物的贝壳，来取食它们的肉。这一切都表明，动物其实也很聪明。

动物都像人一样
是雌雄两性的吗?

大多数动物都是雌雄两性的，只有少部分物种由于生活环境的特殊，寻找配偶困难，便成了雌雄同体，这样有利于物种的繁殖和数量增加。例如，小丑鱼、蚯蚓、蜗牛就是典型的雌雄同体。有趣的是，还一些动物在生命历程中会改变自己的性别，当然，这也是为了更好地发展种群，例如红鲷鱼、沙蚕、牡蛎。

雄孔雀展开它那色泽艳丽的尾屏，向雌孔雀炫耀自己的美丽，以此吸引雌孔雀。

动物是怎样表达"爱情"的?

动物为了繁衍下一代，会采取一系列的求偶行为，来表达自己的"爱情"。不同的动物有不同的方式，它们或是向异性炫耀自己的美丽，或是为异性跳优美、别致的舞蹈，或是唱起动听、婉转的歌曲……总之，它们各有绝技，招数不同。

为什么有些哺乳动物会下蛋？

哺乳动物都是恒温的、体表有毛的动物，都以乳腺分泌的乳汁来哺育幼仔。哺乳动物中除单孔目外，均为胎生，即直接产下幼仔。而单孔目动物为卵生，之所以如此，是因为它们的生殖孔和排泄殖腔是由一个共同的孔通到体外的，因此它们只好保留产卵这一较原始的生殖习性。

动物妈妈如何照顾
它们的小宝宝？

因为刚出生的小动物都很弱小，没有抵抗其他动物侵犯的能力，所以动物妈妈除了哺乳、喂食、保护它们外，还要教会它们如何躲避敌害和觅食。这样，宝宝长大后才能生存下去。

动物面对敌害时会怎么办？

在动物的一生中，时时刻刻都会遭遇危险。当敌害出现时，它们会以怎样的方式面对呢？一般来说，动物在面对危险时的第一反应就是逃跑。但逃跑并不是最好的方法，因此很多动物为了躲避敌害、保护自己，练就了独门武功，如反击、装死、放毒气、拟态等等，花样层出不穷。

动物为什么要制造臭气？

在自然界，许多动物都会制造臭气。别看这臭气不起眼，却有很多奇特的功能。一些小动物的臭气能将敌人熏跑，从而获得逃生的机会；一些动物在生儿育女时，会在自己的卵或蛋的周围排上一圈奇臭无比的液体，用来保护子女免受敌害的侵扰，像黄鼠狼、臭鼬等动物的臭气，既能御敌，又可以与异性联络感情，找到自己的"另一半"，可谓是一举两得。

臭鼬多在黄昏活动，以奇臭的腺体分泌物作为防卫武器。

🍂 变色龙的皮肤会随着背景、温度以及心情的变化而改变。

🍁 动物为什么要把自己伪装起来?

177

动物之所以要把自己伪装起来,无非是为了生存的需要,主要体现在两个方面:一种伪装是为了把自己隐藏起来,不被猎物发现,便于捕食;一种伪装是为了躲避或吓跑天敌,让自己能够安全地生存下去。

🍁 动物都有哪些伪装手法?

动物虽然没有人类聪明,但它们也会动脑筋,通过各种伪装——拟态,来适应残酷的自然界。有的动物会把自己模仿成带有异味或有毒的动物,以此来欺瞒天敌;有的动物会把自己伪装成好像树枝、枯叶、石头等的模样,不让天敌发现;还有些动物会通过体色和姿态的变化,来诱捕猎物上钩。

动物能为自己治病吗？

　　许多动物生病后出于本能的需要，不仅会向异类求医问药，而且还会巧妙地利用一些具有药用功能的植物为自己治病。例如，热带森林中的猴子一旦得了疟疾，就会去啃金鸡纳树的树皮，因为树皮中所含的奎宁是治疗疟疾的良药；野猫吃了有毒的东西后，便会去寻找藜芦草，吃了以后呕吐一阵子，病就好了；雉鸡或山鹬受伤以后会飞到小河边，取些细软的泥涂在伤口处，接着再收集些细草根混合在泥土里，像外科医生制石膏模型一样，把伤口固定起来，不久，伤口就能长好。

动物生病后采取的自我诊疗本能，都是在进化过程中一点点形成的，而且这些经验可以一代代传承下去。像雉鸡这种可以自疗骨折的能手，在自然界中并不少见。

动物冬眠时为什么不会饿死?

从夏季开始,动物便开始大吃大喝为冬眠做准备,等到冬眠时,它们的身体已变得肥肥壮壮了,体内积蓄了大量营养物质。冬眠时,动物体内的新陈代谢减弱,所需要的营养物比平时少很多,而体内储存的大量营养完全能保证它们度过冬眠期,所以它们不会饿死。

动物的作息为什么具有规律?

自然界的动物都有自己固定的"作息表":有些昼伏夜出;有些日出而动,日落而息;有些结队迁徙,夏季北迁,冬季南归;有些冬季要冬眠。而决定这一切的是动物体内一种类似时钟的构造,也就是生物钟,它使动物的活动显示出了极强的规律性。动物的生物钟五花八门,有和昼夜相适应的日钟,有和潮汐相适应的潮汐钟,还有和地球公转、季节变化相适应的年钟。正是这些生物钟,使动物能在大自然中正常地生活、觅食和繁衍。

秋天一到,松鼠就开始贮藏食物,为即将到来的冬眠做准备。

　　在一个玻璃缸里铺一层干净的细沙，再丢几根水草进去，这件事既不花钱又有趣。然后倒几桶水，把整个玻璃缸移到有阳光的窗台上。几天之后，水渐渐清了，水草也开始生长。然后再放进几条小鱼，或者带个罐子、一张小网跑到附近的水塘里，用网子在水底下兜几兜，你马上就可以带回家一大堆有趣的生物了。

——【奥地利】劳伦兹《不碍事的鱼缸》

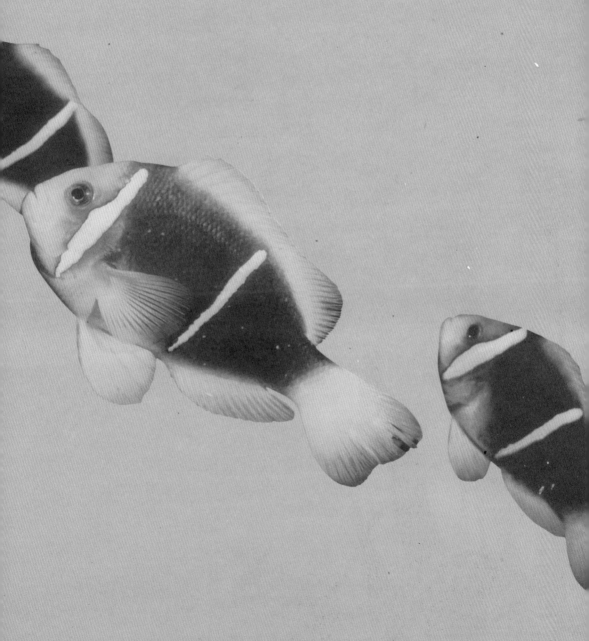

NI BU KE BU ZHI DE
SHI WAN GE SHENG MING ZHI MI

第四章 生态家园
SHENG TAI JIA YUAN

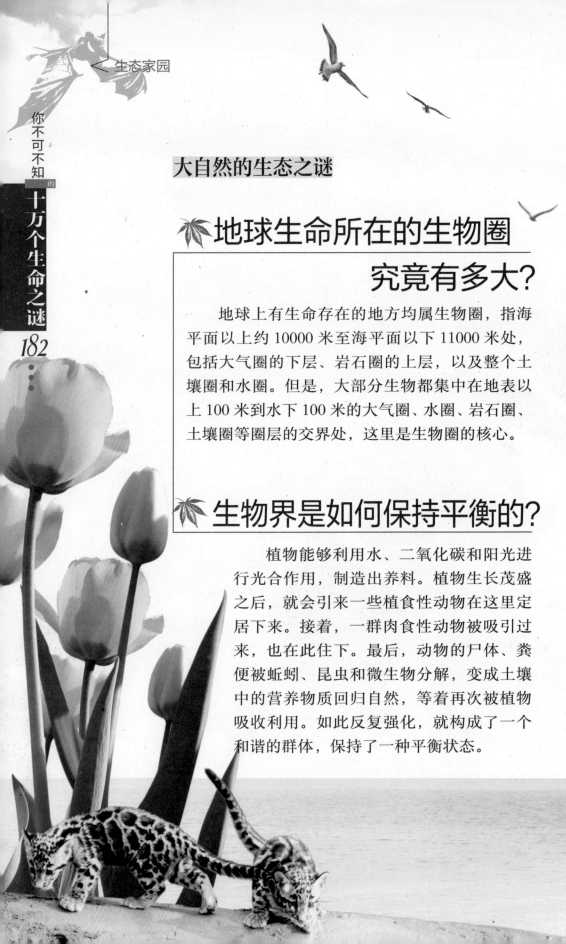

大自然的生态之谜

地球生命所在的生物圈
究竟有多大？

　　地球上有生命存在的地方均属生物圈，指海平面以上约 10000 米至海平面以下 11000 米处，包括大气圈的下层、岩石圈的上层，以及整个土壤圈和水圈。但是，大部分生物都集中在地表以上 100 米到水下 100 米的大气圈、水圈、岩石圈、土壤圈等圈层的交界处，这里是生物圈的核心。

生物界是如何保持平衡的？

　　植物能够利用水、二氧化碳和阳光进行光合作用，制造出养料。植物生长茂盛之后，就会引来一些植食性动物在这里定居下来。接着，一群肉食性动物被吸引过来，也在此住下。最后，动物的尸体、粪便被蚯蚓、昆虫和微生物分解，变成土壤中的营养物质回归自然，等着再次被植物吸收利用。如此反复强化，就构成了一个和谐的群体，保持了一种平衡状态。

全世界有多少物种？

从地球诞生之时算起，地球上总共出现过大约 5 亿～10 亿个物种，但其中的 98% 因自然灾害、环境突变等因素而灭绝了，现今幸存下来的只是很少的一部分，粗略估计大约有 1000 万种（也有人认为是 3700 万种）。然而在这些众多的物种中，被我们人类所认识的只有大约 170 万种，其中数量最多的是无脊椎动物，其次是高等植物。

什么是生态系统？

生态系统指一定时间内，居住在一定空间范围内的所有生物与其周围的环境构成的一个整体。生态系统没有固定的大小，大的可以大到整个生物圈、整个海洋、整个大陆，小的小到一片树林、一片草地、一个池塘，甚至是一滴水。生态系统内的各成员之间存在着相互依赖或制约的关系。

生态系统为什么
会保持动态平衡？

生态系统之所以能保持动态平衡，主要是由于生态系统内部具有调节的能力。例如，食叶昆虫数量剧增，致使树木的生长受到危害；当昆虫数量增加时，食虫鸟类因食物丰富，数量和种类也会随之增加；吃昆虫的鸟多了，食叶昆虫又会减少，树木于是恢复生长，鸟类也会随之减少，生态系统又恢复到原来的状态。

为什么会出现生态失衡的现象?

一个生态系统的调节能力再强，也是有一定限度的，超出了这个限度，调节就不再起作用，生态平衡就会遭到破坏。例如，人类的活动使自然生态系统中的有害物质数量越来越多，一旦超过自然生态系统的调节能力，便会破坏生态平衡，使人类和生物都受到损害。

食物链是怎么回事?

我们把各种生物通过一系列吃与被吃的关系，而在生物之间形成的一种以食物营养关系彼此联系的序列叫做食物链。例如，民谚中说的"大鱼吃小鱼,小鱼吃虾米,虾米吃烂泥（浮游生物）"，反映的就是一个典型的食物链关系。食物链就好比一根链条，把不同的生物彼此联系起来，如果中间缺失了某种生物，这根链条就会被打破，势必造成以这种生物为食的生物数量剧减，甚至在生态系统内消失。由此可见，食物链对维护生态平衡起着重要的作用。

植物→昆虫→鸟类→狐狸，这就是一个典型的食物链。

为什么说绿色植物是生态系统的主体？

　　绿色植物是生态系统中唯一能利用简单无机物合成有机物的自养者，是沟通无机界与有机生物界的桥梁。绿色植物通过光合作用合成的有机物，是生态系统内其他生物成员唯一的食物来源，是食物链的基础。因此，对生态系统来说，绿色植物是最重要的组成部分。

为什么说所有的动物都会成为植物的"食物"？

　　地球上所有的生物都是相辅相成的，这样使生态系统保持平衡。我们知道植物能制造出有机物，然后直接或间接地成为动物的食物，最后动物的粪便和尸体又变成植物的营养物，被植物吸收利用。所以说，所有的动物都是植物的"食物"。

为什么活的动植物不会被分解，而死的很容易被分解？

这是因为动植物体内都具有免疫防护系统。动植物在活着的时候可以利用腺体分泌液、体表的保护性黏液、体液流动等众多措施，来控制进入体内能分解机体的微生物的活性和数量，使它们不至于对生命体造成危害。但当动植物死后，这一防护机制就消失了，微生物便如鱼得水，开始大量繁殖，很快就将尸体分解了。

生物体内最重要的活性物质是什么？

酶是生物体内最重要的活性物质，它具有超强的催化作用，可加速生物体内的生化反应。不论动物、植物，还是人类，体内都存在着各种各样的酶。在酶的作用下，生物才会有光合、消化、呼吸、运动、生长、发育、繁殖等生命活动，才能进行新陈代谢。

生物与环境之谜

为什么每个地区的
生物种类都不太一样?

  地球上最热的地方是赤道附近,由赤道向南北两极推进,则会出现温带和寒带的气候带变化。一般而言,沿海地区的气候比较温和,高山地区的气候寒冷。有些地方雨水充沛,有些地方却在一年里下不上几场雨。各个地区的气候不一样,生长的植物也就不同,同样喜欢吃这些植物的动物也就不太一样,因此,物种的分布就具有了地域性。

在北极地区生活的
生物有什么特点?

  北极属于冻原地带,全年被冰雪所封闭,只有到夏天时地面的积雪才会融化,那些苔藓、小草等才陆续地生长出来,这样便吸引一些植食性动物和肉食性动物来到这里。但是它们的品种稀少且较为单纯,体色以淡色居多,而且为了抵御严寒常缩着身体。这些动物大多具有防寒的构造,例如脚掌又厚又大,身披一层温暖的密毛。

南极海域在夏季为什么会出现众多海生动物？

原来，南极到了夏天几乎没有夜晚。漫长的南极白昼，以及海洋中大量的冰层不断融化，特别适合单细胞浮游植物硅藻等在海洋中迅速繁殖。与此同时，以硅藻等为食的磷虾也大大发展起来，而它们又吸引了大量以它们为食的鲸、海豹、企鹅以及其他各种鱼类前来。因此每到夏季，南极海域便成了热闹的海上动物园。

189

深海有生命禁区吗?

深海是地球上条件最为恶劣的栖息地——寒冷、漆黑、缺少氧气、压力超常。以前;人们总认为那里是生命禁区,如同陆地上的沙漠区一样荒凉。然而,近年来的深海探险发现,深海竟是热闹的生物聚集地,生活着众多奇特的生物。例如,形形色色的深海鱼打着带亮光的照明器游来游去,同时张着大嘴,面目极凶恶;在海底火山附近的热泉口,生活着一类自给自足的细菌;蠕虫、甲壳类、蛤、海参等在深海也是随处可见。

为什么澳大利亚的
有袋类动物特别多?

在澳大利亚,除了拥有大家所熟悉的袋鼠和树袋熊外,还有袋鼯鼠、袋狐等有袋动物,它们的典型特征就是:雌性腹部有育儿袋。至于这里有袋类动物特别多的原因,科学家推测如下:史前时代,有袋类动物可能遍布世界各大地区,但由于生存上它们处于劣势地位,常成为食肉动物的捕食对象,因此在亚洲、欧洲、非洲等大陆相继绝迹。澳大利亚与其他大陆是分割开的,就好像"世外桃源",它们没有多少天敌,因此才得以繁衍至今。

袋鼯鼠

为什么说河狸筑坝会影响周围的生态环境？

河狸通常把河川或湖沼周围的树木咬断，利用倒下的树木筑成水坝，然后把巢筑在里面。河狸筑坝会使河流变浅成为湿地，有时也会形成草地，进一步还会引起动物之间的变化。例如，湿地能引来许多吃草的动物，这样一些食肉动物也会追来。

你不可不知的
十万个生命之谜

192

生态问题之谜

为什么地球上的物种会急剧减少?

据科学家估计,近现代物种的丧失速度比自然灭绝速度快 1000 倍,比形成速度快 100 万倍!物种减少的主要原因是动物栖息地和植物生存环境遭到破坏。人类活动不停地改变着生态环境。城市建设、矿山开采、开垦荒地、修筑水坝等,往往使森林、草原、河流、湖泊、海岸发生巨大变化,使野生生物无家可居,导致它们大量灭绝。除此之外,过度开发、不恰当引进物种以及人为捕杀,都是地球上物种急剧减少的原因。

渡渡鸟为什么会灭绝?

渡渡鸟的标本

渡渡鸟原先生活在印度洋的毛里求斯岛上,有火鸡那么大,身体肥胖,翅膀短小,因此不会飞。16 世纪后期,欧洲人登上了小岛,开始大肆捕杀渡渡鸟,将它们作为主要食物。一个世纪以来,由于过度地捕杀,渡渡鸟的数量越来越少了,到 1681 年,最后一只也被残忍地杀害了。从此,渡渡鸟就从地球上消失了。

北极大企鹅是怎样灭绝的？

很久以前，北极地区也像南极一样生活着企鹅，叫北极大企鹅，数量曾达几百万只。它们身高 60 厘米，头部棕色，背部呈黑色，走起路来风度翩翩。大约 1000 年前，北欧海盗发现了北极大企鹅，从此，它们的厄运来临。特别是 16 世纪后，北极探险热兴起，它们成了探险家、航海者及土著居民竞相捕杀的对象。长时间的狂捕滥杀，导致北极大企鹅彻底灭绝。

人们为什么要捕鲸？

鲸体型庞大，身上有很多肉和脂肪，捕上一只就足够人们吃好久。而且，人们还要用鲸的脂肪来炼油，制造肥皂和蜡烛，以及利用鲸须制造雨伞的伞骨。以前，常常有船队到各大海域去捕鲸。然而，人类的捕鲸行径令鲸的种类和数量剧减，因此，现在国际上明令禁止捕鲸。

为什么澳大利亚的袋鼠没有受到人类的威胁？

　　澳大利亚是农牧业国家，养羊业发达，而袋鼠虽说是食草动物，但不吃羊群吃的牧草，相反它们爱吃的草在草原上又长得很繁茂，因此它们能大量繁殖。而且，对牧民来说，袋鼠的存在有利于维持草原生态的平衡，对畜牧业有利，因此牧民没有大肆捕杀它们。现今，澳大利亚的袋鼠数量还很多。

哪种一度"灭绝"的动物又在野外出现了？

　　这种动物是"四不像"，学名麋鹿，是我国特有的动物，分布在华北和中原的沼泽低洼地区。野生的麋鹿曾一度灭绝，幸好早在1865年有位法国传教士从中国运走一对麋鹿，豢养起来，才使麋鹿没有彻底消失。到20世纪80年代，中国从英国引进一批麋鹿，并进行人工繁殖，使麋鹿的数量迅速增加。现在，人们已将它们放归了大自然。

为什么鲟鱼的后代越来越少了？

鲟鱼是鱼类王国赫赫有名的产卵大王，一条雌鲟鱼产的卵大概相当于其体重的 15% 以上。然而现在，鲟鱼的后代却越来越少了，这是因为人们在大量捕捞鲟鱼，为的是获取雌鲟鱼腹中的卵，再拿这些卵制作美味的鱼子酱。

195

为什么不能随意引入外来物种？

生物圈里的各种生物都是相互依存、相互制约的，这种关系是在漫长的生物进化过程中形成的。这一平衡状态是由食物链来控制的，即所谓的"一物降一物"。外来物种被引入后，如果这一地区没有它的天敌，那它就会无法无天地疯长和繁殖，抢占资源和空间，危害其他生物的生存，引发可怕的生态灾难。所以，不能随意引入外来物种。

为什么要保护红树林？

红树林是一种生长在热带和亚热带地区沿海沼泽里的植物群，其中的大部分植物属红树科，所以通称红树林。红树植物非常适应海滩长期风浪大、盐分高、缺氧的环境，它们大都生有发达的支柱根和众多的气生根，纵横交错的根系和茂密的树冠交织在一起，筑起了一道绿色的海上长城，抵御着热带海洋的狂风恶浪，保护了沿海的堤围和大片的农田农舍，同时还改善了海岸和海滩的自然环境。因此，我们要保护好红树林。

为什么要保护珊瑚礁群?

在热带和亚热带浅海中，生长着许多珊瑚。它们死后，石灰质骨骼就积累下来，而它们的后代又在这些骨骼上继续生长、繁殖，如此长年累月地堆积起来，就形成了珊瑚礁。珊瑚礁就像一道道屏障，保护着海岸线。珊瑚礁也是各种鱼虾栖息和觅食的场所，对维持海洋生态平衡起着重要的作用。因此，我们要保护珊瑚礁群。

你不可不知^的

十万个生命之谜

198

为什么要保护珍稀野生动植物？

物种一旦灭绝是不能再生的。由于目前科技的发展水平有限，人类还无法了解每一个物种的用途和价值，因而多保留一个物种，就是为人类多保存了一份财富。所以，保护珍稀野生动植物不仅是保护了生物物种丰富的遗传物质，从某种角度上来说，也是在保护人类自己。

没有了森林，地球会怎么样？

森林有"地球之肺"的称号，它维持着地球上二氧化碳与氧气的平衡。另外，森林还能涵养水源、防风固沙、调节气候、净化环境……如果没有了森林，地球上将会有几百万个物种灭绝，洪水肆虐，沙漠扩大，地球上的生物包括人类自身都将遭受灾难性的打击。所以，我们保护森林，就等于保护了我们赖以生存的家园——地球。

目前，"生物圈2号"已经成为美国亚利桑那州沙漠中的一道风景线，每年到此旅游的人数超过18万。游客只要交上13美元，就可以到"生物圈2号"外的各种设施上走一遭。如果再添上10美元，还可以进入"生物圈2号"呢。

为什么要建立自然保护区？

　　建立自然保护区是为了保护各种重要的生态系统及环境，拯救濒于灭绝的物种，保护具有科研价值和历史意义的生物遗迹，同时还要供科研和科教之用。另外，在不影响生态的情况下，还可以对自然保护区的资源加以开发利用，既保护了环境，支持了科研，又促进了生产。世界上第一个自然保护区成立于1872年，是美国的黄石国家公园。

科学家为什么要进行
"生物圈2号"实验？

　　"生物圈2号"是一个人工建造的模拟地球生态环境的全封闭的实验场，占地1公顷，为一座8层楼高、圆顶密封、钢架结构的玻璃建筑物，里面设有多个独立的生态系统。1993年1月，8名科学家入住其中，目的是研究人类及多种生物在密封且与外界隔绝的人造系统中，是否可以经由系统内的空气、水、营养物的循环与重复使用而健康、快乐地生存下来。然而，实验最终还是失败了，这说明人类目前还无法模拟出一个类似地球的生态环境。

图书在版编目（CIP）数据

你不可不知的十万个生命之谜/禹田编著.—北京：
五洲传播出版社，2017.7
（学生探索书系）
ISBN 978-7-5085-3682-8

Ⅰ.①你… Ⅱ.①禹… Ⅲ.①生命科学–少儿读物
Ⅳ.①Q1-0

中国版本图书馆CIP数据核字（2017）第139600号

学生探索书系

你不可不知的十万个生命之谜

项目策划	禹　田
编著	禹　田
责任编辑	黄金敏　叶　静
装帧设计	王彦洁

出版	五洲传播出版社
地址	北京市海淀区北三环中路 31 号生产力大楼 B 座 6 层
邮编	100088
网址	http://www.cicc.org.cn　http://www.thatsbooks.com
发行电话	（010）88356856　88356858
印刷	北京博图彩色印刷有限公司
经销	各地新华书店
版次	2017 年 7 月第 1 版　2018 年 11 月第 3 次印刷
开本	170 毫米 ×250 毫米　16 开
印张	12.5
字数	54 千字
ISBN	978-7-5085-3682-8
定价	29.80 元

图片支持　www.fotoe.com　北京千目图片有限公司　www.argusphoto.com　微图

* 退换声明：若有印刷质量问题，请及时和销售部门（010-88356856）联系退换。